U0383461

>>>>

SECTION STRATEGY

刘翠 著

剖面策略

中国建筑工业出版社

前　言 >>>>

笔者对剖面设计策略的思考始于就读硕士研究生期间，迄今已近十年。当时受库哈斯等先锋建筑师的影响，对图解与设计的关系颇感兴趣，也一直在思考建筑设计方法最本源的一些问题，比如为什么要用平立剖来表达建筑，轴测、焦点透视、散点透视究竟有何意义。这些看似幼稚的问题引导笔者形成了对剖面设计策略的粗浅理解。近年来，笔者结合建筑设计教学与实践工作，对上述问题又有了一些新的感悟。重新整理这些思考片段，著成此书，希望对建筑学专业的学生以及设计行业从业者有所启发。

本书试图通过案例研究对基于剖面的空间构成方法进行归纳和概括，并在此基础上抽象出剖面设计策略的一般模式。本书所涉及的建筑设计案例主要集中在20世纪80年代之后，因为这段时期是现代主义之后各种思潮在建筑创作与实践中开花结果的时期，从而为设计策略的研究提供了丰富的素材。与此同时，城市化浪潮所带来的弊端开始显现：交通压力日益增大、环境条件逐渐恶化、人口急剧膨胀……这些都需要向城市索取更多的空间，迫切需要对剖面主导的立体化空间进行深入探索。此外，数字化与全球化趋势推动的信息迅速传播和科技迅猛发展，为各种类型的空间建造提供了技术支持。

本书的案例选取主要基于两个原则：一是通过对大量建筑作品的阅读，分析不同作品的剖面空间特点，总结出基于剖面的空间构成方法的类型，根据类型选取案例。二是选取空间特色鲜明、变迁印记明显、体现设计方法变革的代表性建筑作品。本书的案例选取超越了各种流派与风格之争，根据设计方法的差异或设计切入点的不同有针对性地选取最能代表这类设计思维的典型作品。

由于案例获取的范围有限，难免有所偏颇，望读者批评指正。

本书出版获国家自然科学基金（项目编号51508497）资助。

刘　翠

2016年6月

目 录 >>>>

绪　论　>>>>

第一章　>>>>
剖面视角下的空间发展历程

1

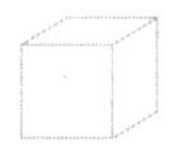

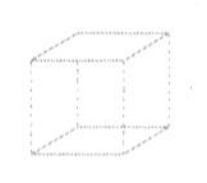

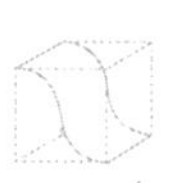

第二章 >>>>

空间界面的剖面策略

2

第三章 > > > >

空间连接的剖面策略

3

绪　论　>>>>

再议空间话题

建筑受到多种因素的制约，社会、技术、经济、文化、法律、政治以及建筑师、业主的个人喜好或一时冲动，都会对建筑的最终形式产生冲击。建筑也包含各种风格和式样，新鲜刺激的造型、独特新颖的概念，令人应接不暇、眼花缭乱。但是抛开各自的兴趣点和切入点，建筑师的共同思路是建造出建筑学范畴内物质和空间所构成的形式。尽管空间之外还包括了各种复杂因素，但这些因素都依附于空间而存在。空间是建筑的本质，空间是建造活动的出发点，也是它的终极目标。

本书把目光聚焦于建筑中最为本质的空间问题上，从看似互不相干的建筑作品中寻找其相似点以把握空间构成的规律，并观察其不同点以探寻形成建筑独特个性的方法，从而实现对建筑设计问题的再认识。本书关注于建筑的空间构成问题，而不是意识形态或建筑表现形式。本书的分析都落实到具体的空间形态及其属性上，而不是完全抽象的理论阐述及逻辑推导。本书的讨论都是基于可操作的设计手法展开，而不是模糊的标准。

平面的局限性

描述建筑空间的两种基本方法是平面和剖面。以建筑平面作为指导性的要素，是在传统建筑以平面划分功能分区的基础上产生的。在这样的建筑中，行为的主要维度是水平向的，平面图告诉我们建筑物怎样作为物体和人类活动的组织者而存在。尽管空间也有竖向的发展，但多数是视觉方面的形态感知，或者是水平运动的简单竖向叠加，通过垂直的交通体系来连接各层。在这样的情况下，平面居于主导地位还是可以完整表达建筑空间的。

但是随着人口的持续增长，城市密度不断加大，人的生活从平面进一步向垂直方向发展，人的运动模式越来越立体化，新技术的支持使人可以自如地在三维空间里进行活动。此时，平面的主导地位受到挑战，依托于平面的设计方法不能完整清晰地表达建筑空间的特性，空间信息的表述开始往剖面上集中。其实，平面、剖面和立面并不是异质的，它们都是在不同的方向切剖了建筑并以此对建筑进行解释或设计的工具，反映了建筑使用和建筑意义在概念上的变化以及产生相关变化的技术发展[1]。

剖面作为一种设计方法

相对于单纯的平面意识而言，剖面意识是一种多维的立体构思，它可以将地形、功能、路径等诸多限制综合考虑。本书研究的是如何以剖面为切入点来研究空间形态及其组合关系。这里的“剖面”并非仅指正视图中的剖面，而是一种更加广义上的剖面，是一种基于垂直性的设计工具。几何学上，笛卡尔坐标系中三个向度的性质是完全等同的。但是，在地球上，重力的存在使得垂直向度与其他两个向度区别开来，而剖面表现的就是建筑的垂直切面。因此，以剖面为切入点来解读空间，其实就是探寻重力作用下的空间发展逻辑。

现在，许多建筑师的作品中都体现出对剖面空间的关注。对应于柯布西耶与密斯等人的水平连续空间与自由平面，Rem Koolhaas 和 MVRDV 等建筑师更倾向于竖直方向的流动与自由，并且把剖面的空间组织关系直接反映在立面上（图 0–1）。Alberto Campo Baeza 和 S–M.A.O. 等西班牙建筑师则比较关注剖面中光和重力的作用，通过对水平界面和垂直界面的精确控制来调节空间的开放程度和相互渗透（图 0–2）。Mario Botta 的宗教建筑中善用圆形平面，但是剖面的差异营造出不同的空间氛围，使得每个建筑都具有独特的个性（图 0-3）。

在本书的研究过程中贯穿着两条主线，一条是对基于剖面的空间构成方法本身的研究，是对空间问题的抽象；另一条线索是以当代建筑为研究对象的案例研究，它为前一条线索提供了事实依据，便于对空间构成形成直观的理解。这两条线索相互交叉，互为佐证。由于本书所讨论的剖面是作为一种设计方法而不是设计概念，所以并不一定与建筑师的初衷相吻合。不管建筑师对于空间剖面的操作是有意识的还是无意识的，只要剖面能反映空间生成过程的特点，都将纳入本书的讨论范围。

人类对建筑空间的认知主要包含三个方面：我们建造和看到的物质形体、我们使用和穿行的虚渺存在、我们感受和体验的场景氛围。与此相对应，本书分别从空间界面、空间连接、空间场景这三个方面对空间构成方法展开论述。在对当代建筑中基于剖面的空间构成方法进行研究之前，有必要首先将其放置到历史发展的洪流中进行考量，以历史的眼光从剖面的视角对空间发展历程进行解读。

*图 0-1　VPRO 新办公楼，MVRDV。基于剖面的空间组织关系在立面上的直接表达

*图 0-2　阿利坎特当代艺术博物馆，S-M.A.O.。剖面中对光的精确控制

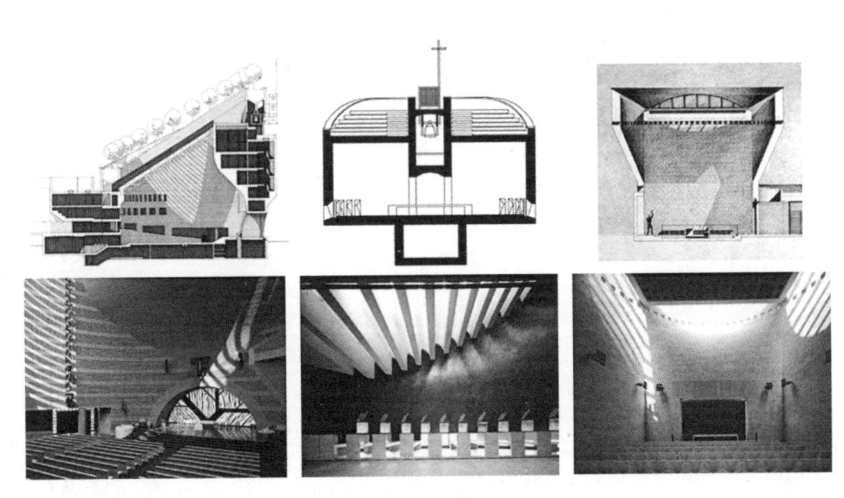

*图 0-3　教堂剖面与室内，Mario Botta。复活大教堂（左）、圣玛利亚十字架教堂（中）、钦巴利斯犹太教堂与遗产中心（右），同为圆形平面，但是剖面的差异营造出不同的空间氛围

第一章

剖面视角下的空间发展历程

1

Giedion 把空间的发展分为三个阶段：实体空间阶段、封闭空间阶段和流动空间阶段[2]。本章从剖面的视角出发，对这种划分进行了调整：将实体空间阶段、封闭空间阶段合并为静态空间阶段，将流动空间阶段分为水平流动空间阶段和三维流动空间阶段。在静态空间阶段，空间作为承重体量的附属部分存在，空间组织难以突破荷载的局限，空间是静态的；在水平流动空间阶段，空间在水平方向突破了重力的禁锢，实现了内外交融；在三维流动空间阶段，实现了空间的立体化发展。

1.1 静态空间阶段

静态空间阶段指的是19世纪末叶以前，即现代建筑发端以前的时期。这个时期的西方建筑多用石块堆砌，显示出巨大的体量和超然的尺度，注重建筑形体的表达。受技术的严重制约，空间依附于建筑体量存在，限定度较强；具有严密的几何性，空间基本趋于封闭型。

1.1.1 空间界面的结构性与装饰性

受建造技术的限制，这一阶段的建筑还没有把墙的围护作用与承重作用区分开来，空间界面与承重构件基本是一体化的。只有在建造技术取得重大突破的时候，空间形式才会产生突变，剖面也随之呈现出新的特点。比如，古希腊的柱顶横梁式体系产生了两坡顶的矩形空间；古罗马时期由于采用了梁柱与拱券结合的体系并发明了天然混凝土，产生了被筒拱和穹隆所覆盖的宏大室内；帆拱创造了拜占庭建筑内部空间的相互渗透；飞扶壁与肋骨拱造就了哥特建筑尖耸的神性空间并在侧壁引进了光。这一阶段虽然出现过哥特建筑对空间连续性的探索以及巴洛克空间对动感与渗透感的追求，但却只是利用结构体系表面的变化形成二维空间效果，没有由此生成明确而有节奏的各种几何形空间，因此并未把这种趋势推进到临界点的状态。

静态空间脱离不了承重结构的限制，在特定的技术条件下无法创造形态各异的空间形式。再加上当时绘画、雕塑与建筑的分工并不那么明显，许多建筑师同时也是伟大的画家与雕塑家，因此在技术条件一定的情况下，剖面只是为了表达建造所需的技术信息而存在，空间个性的营造与识别主要是通过装饰手段实现的，通过丰富的细部刻画塑造不同特色的空间。

1.1.2 中空体量的竖向堆积

在静态空间阶段，有些建筑剖面中也体现出了空间的竖向组织。高超的技术和巨大的建设代价限制了这种探索的传播，因此仅仅出现在一些公共建筑中。

古罗马的大角斗场中就已经出现了上下纵横交错的交通系统（图 1–1）。看台逐层向后退，形成阶梯式坡度；看台背面是不同高度的由拱券支撑起来的走廊。观众首先从底层外圈拱门进入，由楼梯上至各层拱廊，再进入所属看台分区。中央表演区下面还有一层服务性的地下室，内有兽栏、角斗士预备室、排水管道等，表演开始时角斗士和牲畜被吊升到地面上。这种布局充分利用了结构所产生

*图 1-1　古罗马大角斗场。上下纵横交错的空间组织

的附属空间，并满足了建筑功能和活动流线的需要，直到今天的体育场设计仍在沿用，对于如何组织立体交通也起到一定的借鉴作用。

在静态空间阶段，垂直性代表了建筑的营建过程，空间的竖向组织还只局限于被动地在技术体系中挖空内部空间实现体量的竖向堆积。它没有形成明确的有意识的竖向秩序，也没有从根本上拓展人的活动范围。

1.1.3 视觉主导空间体验

提到不同时期和地区的建筑，比如帕提农神庙与巴黎圣母院，人们会很快在脑海中浮现出两坡顶矩形空间与尖券拱顶形式，它们很明显地显示出两者之间的差异，但是却很少会去联想它们那同为矩形主导、中轴对称、内厅外廊、密布圆柱的相似度很高的平面（图 1-2）。

这种矛盾的产生源自运动世界和视觉世界之间的差异。它们是人类知觉的两个基本方面。运动的主要维度是水平面，并且被垂直的介质所限制，与运动相关的信息主要通过平面表现。而视觉的主域却是垂直向的，并且可以穿越透明介质进行扩展，与视觉相关的信息主要通过剖面表现。在静态空间阶段，人无法实现竖向自由行为，而

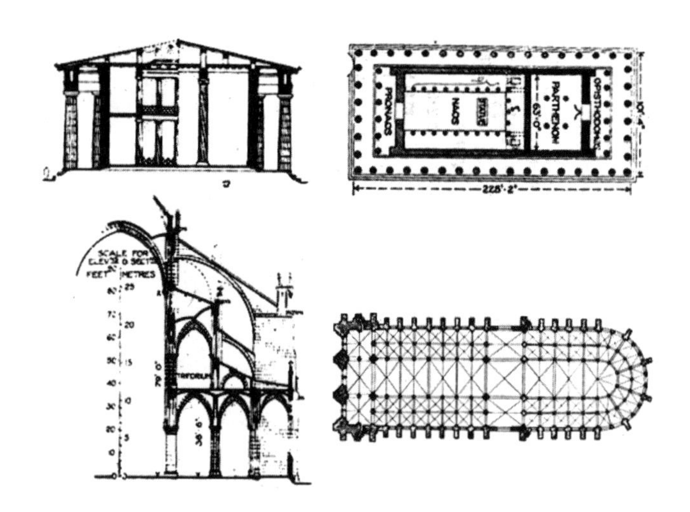

＊图 1–2　帕提农神庙（上）与巴黎圣母院（下）的剖面及平面。平面提供的信息相似度很高，但剖面却迥异

平面的空间组合又相对简单划一，因此依靠运动带给人的体验比较单调。然而丰富的剖面轮廓却给人以很强的感染力，因此人们对空间的体验主要是通过视觉完成的。这也很好地解释了前述问题，即为什么剖面给人的印象甚于平面。

运动领域与视觉领域的分离也使得竖向发展带有了某种崇高意味。一些纪念性建筑，如大教堂和塔楼，高高地凌驾于城市之上，在竖直维度上显示了其特征并通过强调竖向宣告它的超人形象以及在城市精神方面的统治力量（图 1–3）。

＊图 1–3　意大利古城中的大教堂和塔楼。竖向发展带有某种崇高意味

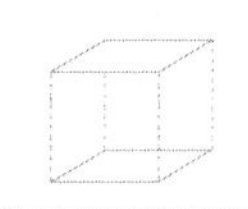

1.2 水平流动空间阶段

水平流动空间阶段指的是 19 世纪末到 20 世纪下半叶现代建筑发展与繁荣的时期。这个时期的建筑处在工业化的社会大背景下，主张采用新材料、新结构；注重建筑形体和内部功能的配合，突出空间的主体地位；强调空间之间的连续与渗透，使空间变得灵活、开放和可变。

1.2.1 围护界面的灵活变化

钢筋混凝土的新结构技术将承重部分缩减为纤细的骨架，把墙体从结构作用中解放出来，墙体可灵活移动并根据空间形态的需要自由变化，虚渺的空间决定了围护界面的位置。相对静态空间而言，虚空与实体的依附关系开始反转。剖面在竖直方向严格的层的限定下，沿水平方向得到解放。

密斯的德国馆可谓流动空间的经典之作（图 1-4）。从隔墙、立柱、地面网格铺装的对位关系可以看出空间界面之间的相对滑移及矩形空间的相互渗透。通过分离各个方向的空间围护界面，使它们可以任意延长或缩短，从而

＊图 1–4　巴塞罗那德国馆，Ludwig Mies Van Der Rohe，矩形空间的相互渗透

*图 1-5 苏黎世新教教区中心模型室内，Alvar Aalto。剖面的弧线与空间关系

突破了空间隔断的界限，实现了空间之间的渗透。从德国馆的平面我们可以图解空间限定的组织方式及流线，但剖面对于空间的表述作用却微乎其微，只向我们提供了一个高度信息。德国馆的所有空间界面都是严格的几何形且直角相交，如果抛弃直角而采用曲斜界面也可以获得更加丰富多彩的空间。这在以阿尔瓦·阿尔托为代表的有机建筑阵营中表现得非常明显,弯曲的界面形成了有韵律的系列，实现了不同功能区域的自然过渡（图 1-5）。

1.2.2 平面的竖向叠加

工业化社会追求功能和经济高效。这反映到建筑领域，就是把人们生活的地面分割，再向上叠加，然后通过交通体系来连接各层，以达到紧凑布置来扩大使用空间。空间的竖向组织仅作为平面连接的技术手段，其实质是平面的竖向重复。这种方式扩大了人类的活动范围，提高了城市土地利用率；然而却只实现了城市地面的再造，没有实现空间的增值。

这种组织模式突出表现在摩天楼的设计中，功能空间围绕中央核心筒周边布置，形成层叠上升的剖面格局。沙利文为高层建筑发展了一套适宜的语言，规定了此类建筑在功能上的特征，强调形式追随功能。此后，表现材料、结构和经济性原则的高层建筑成为各国追逐的偶像。洛克菲勒中心以及柯布西耶的“光辉城市”理想预示了高层建筑开始从单体向群体发展，意味着空间竖向发展模式在全球的风靡。

这个阶段对流动空间的探索主要局限在平面范围内，空间的竖向流动意识还很薄弱。即使在剖面中反映出一定的变化，也仅仅是以中庭或采光井为主，或者辅以楼梯、坡道，没有像平面那样自由、成熟，而且每一层的空间都很相似。

1.2.3 运动主导空间体验

水平流动空间阶段关注于空间在平面上的连续与渗透。与这种趋势相一致，空间的另一维度被有意简化，围护界面很少发生竖直向的形态变化，因此造成了剖面中竖向信息的缺失。视觉对于空间形态的感知也因此弱化，只能通过辨别围护界面的虚实有无起到扩大视域的作用。

空间的竖向发展主要依靠框架结构进行平面的叠加。虽然这个阶段的竖向运动是次要的，仅是一种公共的、服务性的交通，是为了实现水平运动的转换而存在；但它却使人类的生活方式发生了质的改变：电梯或楼梯的应用使人类活动突破了地面的限制，可以扩展到三维空间里自如进行。在平面上，人们可以沿任何方向自由移动而没有上升或下降的感觉；在剖面上，人们可以自由穿越于各层平面。人的运动遍及建筑每一个角落。在视觉领域弱化而运动领域扩展的情况下，空间体验被运动所主导。

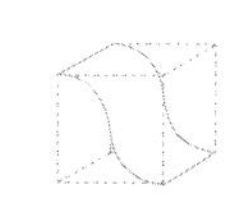

1.3 三维流动空间阶段

三维流动空间阶段指的是从20世纪下半叶开始现代主义之后的时期，这个阶段目前尚处在摇篮时期。数字技术的普及和强大不仅推动了新材料的诞生、使建造技术日趋完善，而且也提供了推敲空间的新工具、扩展了建筑师的思维方式，从而几乎使任何空间形式的实现成为可能。

1.3.1 空间基面的自由化

在三维流动空间阶段，建筑重拾对空间形态的关注。计算机技术的应用和建造技术的发展使得空间形态的变化不再局限于围护界面，可供人自由运动的空间基面也突破了楼板的二维平面和规整的几何形限制，并且可以在建筑中实现断裂、滑动、交织、扭曲等操作，甚至使不同维度的空间界面连成一体，从而很难把围护界面与空间基面区分开来。

妹岛和世与西泽立卫设计的劳力士学习中心，通过研究行为需求和个体关系，没有将这个功能复杂的综合体设计为一座高层，而是将所有功能都布置在同一楼层，并且在同一个连续的大空间里（图 1–6）。起伏的地板和屋面几乎平行，它们中间的空间没有任何物理界限。空间的细

*图 1–6　劳力士学习中心，SANAA。连续起伏的一体化空间

分不是通过垂直界面所限定，而是通过起伏的地板与屋面使投向垂直界面的视线受阻，从而划分出了图书馆、多功能厅、咖啡厅、办公室、餐厅等功能空间。楼板下方的起伏空间向四周开敞，让人们可以从不同方向进入位于建筑中心的主入口。这种连续起伏的一体化空间明显区别于密斯式流动空间的“隔而不断”。

这个阶段开始有意识地探寻空间在三维的连续与流动，并采用各种技术手段促成理想空间形式的实现，使空间建构达到空前丰富与自由，剖面形式也因此变得多元化。

1.3.2 平面策略在剖面的拓扑演化

通过将传统集中于地面或近地面以公共性为主的功能元素、环境元素、空间特征及其设计方法向地面上下两极延伸和推展，可以实现空间的复合化，真正拓展人的生存空间。

在竖向维度表现空间观念，其实就是将传统空间组织中的水平模式演变为符合功能和场地要求的竖向模式。这时，剖面空间的水平界面代替了平面空间的竖直界面形成空间的联系与渗透：花墙上的漏窗与穿越层层楼板的天井在拓扑意义上是相同的；起承转合、作为视觉导向的楼梯代替了廊道成为空间组织的路径[3]。作为在空间不同纬度上延展的二维面，剖面和平面并没有本质的差异。围绕平面展开的许多空间组织策略也可以借鉴到剖面中，从而真正实现立体化的空间发展。

1.3.3 互动的场景体验

传统剖面对空间的描述局限在三维；随着认识的深入，三维之外的空间维度也备受关注。剖面所表现的场景信息在空间认知过程中的作用日趋重要。然而，关于空间第四维的定义却见仁见智。布鲁诺 · 塞维在他的四维分解法中提出，由于时间因素的加入，动态空间取代了古典主义的静态空间[4]。王昀从绘画的角度出发，认为二维平面中的像是三维空间中的物在二维平面上的投射；进而通过对经验空间与意识空间的比较分析，认为建筑是四维状态的意识空间在三维世界中的投射[5]。

不管如何表述，但有一点可以确定，即只有当人们认为如果空间的创造与空间的描绘可以不加区分的话，才是可能成立的[6]。所以，这个第四维度归根结底是人们感知空间的方法。剖面不仅与空间形态和竖向秩序相关，还与人的知觉感受密不可分。空间的创造与空间的体验在此融为一体。这种体验不同于单方面被动接受建筑信息的模式，而是通过人的体验反馈给建筑，使建筑对人的要求或行为做出恰当的反应，从而实现人与建筑的平等对话和互动。

1.4 剖面策略的交织演进

上述三个阶段的建筑现象与规律并不是割裂的，而是彼此渗透，是一个相互交织的演变过程。而且，绝大多数建筑并不是单纯推敲剖面的产物，而是平面和剖面以及其他诸多因素综合考虑的结果。但是，通过把不可分割的整体思维分门别类，寻找隐藏在其中的规律，可以帮助我们更清晰地认识和把握建筑发展的潮流。

1.4.1 剖面思维的日益深入

纵观空间的发展历程，剖面的地位越来越凸显，通过剖面可以很清晰地看到空间构成方法的变化：空间界面从厚重的砖石发展为轻薄的新型材料，从结构体转变成自由灵活的软性组织，从规整的几何形向多向度发展；空间组织摆脱了依附于地面的扩展模式，实现了人在三维空间里的活动，并追求竖向的连续与流动；人在建筑中不再仅作为被动的接受者和使用者，而是作为参与者和创造者融入建筑环境中，并以多种形式与建筑产生互动。

剖面所传递的空间信息的日益丰富促使它不仅仅作为一个结果的呈现，而更多是作为一种设计方法。随着技术的进步和认识的深入，地区之间的交流越来越频繁，各学科之间也在互相学习和渗透，这都为基于剖面的空间构成带来了发展的契机，促使建筑师从更广泛的角度进行思考。

1.4.2 主流下的交叉与传承

其实每个阶段对剖面空间的探索并不是一概而论的，而是呈现多元化的倾向。静态空间阶段有对于空间流动的探索，流动空间阶段也有对静态空间的追求。各个阶段之间是相互交叉的，不过从总体的发展趋势来看还是一脉相承的。建筑中对空间竖向组织的关注由来已久，在总结前人设计经验的基础上逐渐成熟。

比如从雅典卫城山门盘旋而上的坡道，到柯布西耶的“散步建筑”，再到库哈斯的路径空间，都显示出对于人在竖向运动过程中视觉空间场景变化的关注。雅典卫城地处山地，设计充分考虑了沿高度行进方向的空间组织，山门前盘旋而上的坡道使人在行进过程中可以从不同的角度与高度欣赏这一建筑群（图 1–7）。其实这就是一种基于剖面的设计策略。这种空间组织方式被柯布西耶大加赞叹，并将其发展成为萨伏伊别墅中“散步建筑”的特征：一条壮观的坡道位于建筑中央，将三层空间联系起来。沿着坡道在建筑中漫步，呈现的景象不断变幻，出人意料（图 1–8）。

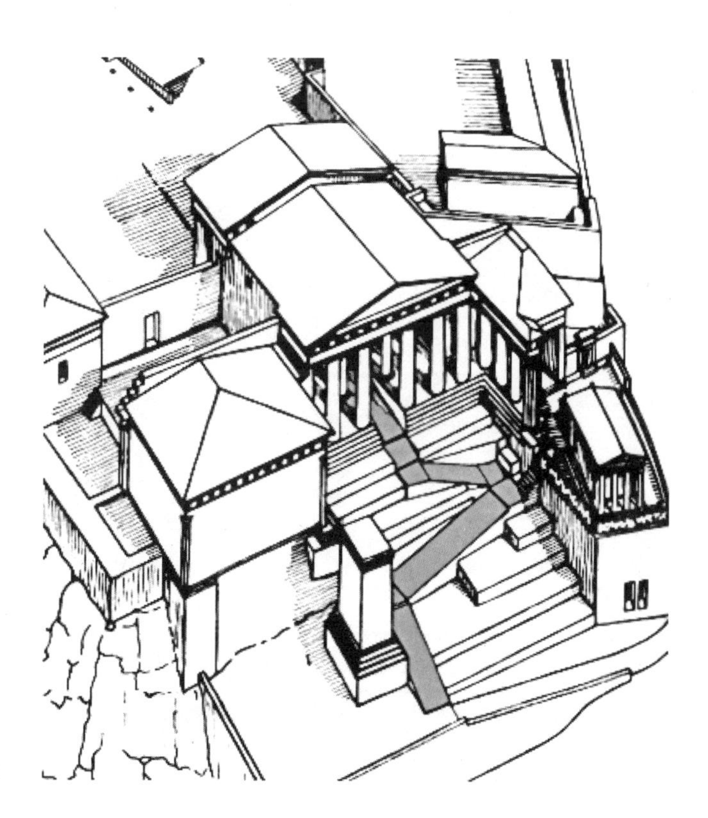

*图 1–7　雅典卫城山门前盘旋曲折的坡道

*图 1-8　萨伏伊别墅，Le Corbusier。建筑中的漫步体验

这种对于人的活动与空间关系的研究也出现在库哈斯的作品中，利用立体交叉的路径空间把整个建筑联系起来（图1-9）。而这些又都跟中国园林中步移景异的空间效果有共通之处，可见优秀的空间设计手法在古今中外的传承。

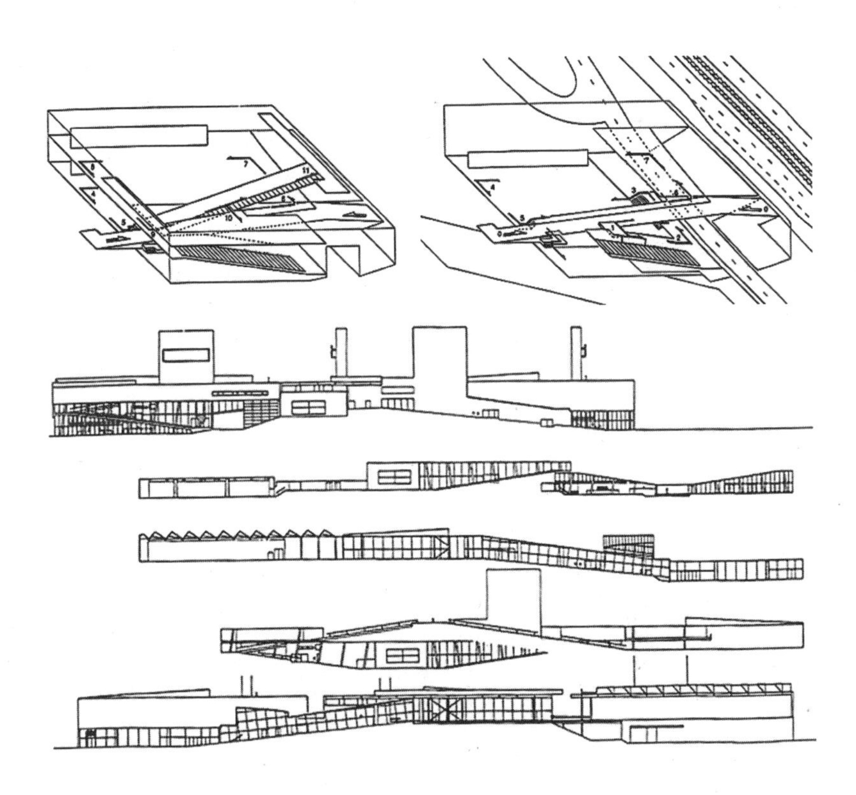

*图 1-9　康索现代艺术中心流线分析及路径剖面，Rem Koolhas。利用一组路径剖面表达博物馆内从 1 到 11 立体交叉的循环流线

第二章

空间界面的剖面策略

2

空间界面体现了建筑的实体特征，形成了建筑外部的视觉变化和内部空间的层次变化。空间界面的特征不是凭空形成的，也不是设计者随意决定的，而是内部空间的外在表现。现代主义建筑自诞生之日起就开始探索空间界面的自由化，但是这种探索大多局限在依托平面的形式变化。当代建筑对空间界面的操作突破了单一的二维状态，实现了多向度连续发展，剖面成为空间推敲必不可少的工具。因此本章主要讨论作为围合实体的空间界面的剖面策略，按照从二维到多维的变化进程展开。

2.1 水平方向主导的夹心构成

人无时无刻不在感受重力的束缚，尽管人类活动的空间范围在不断扩展，但只有在水平面上才可以不用克服重力的作用而轻松自由地活动。因此基于剖面的空间构成的最简单模式被水平方向主导，表现为被竖向要素贯穿的多层水平面，剖面上呈现出夹心构成的形式。各个时代都有对这种模式的探索，由于技术条件、建造方式和审美观念的差异，不同时代演绎出了不同特色的个性空间。

2.1.1 水平要素的视觉简化

水平要素的简化强调建筑与大地的平行关系。可以追溯到多米诺体系对建筑要素的抽象。在多米诺体系中，柯布西耶把建筑简化为楼板、柱、楼梯三个基本元素（图 2-1）。为了强调水平性，建筑结构在视觉上取消了联系梁而直接采用板柱体系，并把楼板悬挑于柱子网格之外，建筑要素的发展都在平行楼板所夹持的水平向空间的主导下进行。

水平要素的简化往往只是视觉形态方面的，其严谨、简洁的表面下隐藏着复杂精巧的结构。通过去除或隐藏繁杂的构件，水平要素表现为平整的无上下起伏的楼板。这形成了与地面简单的平行关系，使建筑富于延伸感，拓展

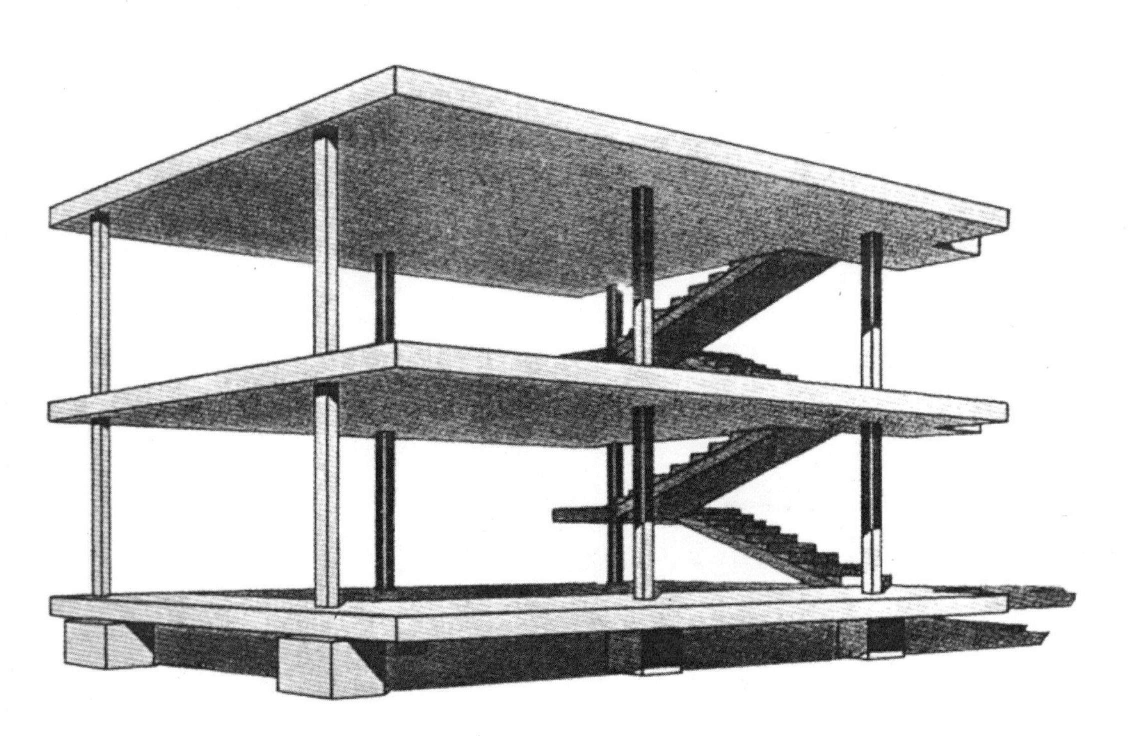

*图 2-1 “多米诺”原型

了有限的边界；同时也使空间形式尽可能地简单化，展现了新的空间设计的可能性。

在仙台媒体中心中，为了保持建筑要素的纯粹性并创造轻盈的视觉效果，采用了上下两层蜂窝钢板中间夹混凝土的复合体系，使板的厚度保持在 400mm，其跨度可达 20m[7]。楼板悬挑于支撑结构之外，加强了其水平延伸的感觉。各层层高根据不同功能需要呈现出“ABABA”的变化韵律，并且每层的家具、灯光、色彩都因不同室内设计师的设计而各不相同(图 2-2)，更加强了各层的相对独立性，强调了水平感。在仙台媒体中心中，建筑被简化到只剩三个要素：网状的空心柱、飘浮的平板、透明的表皮。出挑深远的薄板悬挂在弯曲的网状空心柱上，给人以不稳定的感觉，它们彻底颠覆了建筑原本沉重的、与大地重力相抗争的形象，呈现出轻盈的瞬时性（图 2-3）。

＊图 2-2　仙台媒体中心，Toyo Ito。利用层高韵律和每层不同的灯光来突出垂直方向上的节奏感

＊图 2-3　仙台媒体中心设计生成过程分析

平行楼板所夹持的水平向空间

增加楼板厚度
将楼板悬挑于支撑结构之外

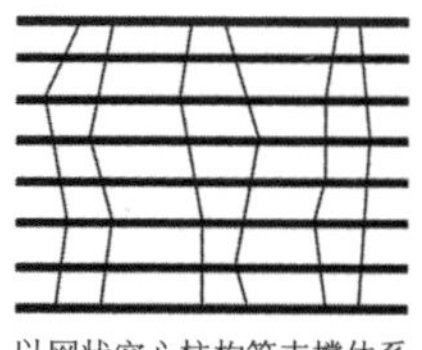

以网状空心柱构筑支撑体系

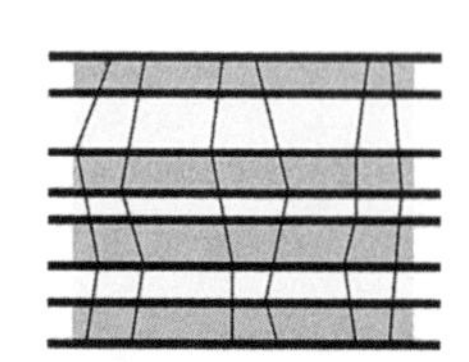

调整层高，使各层呈现出ABABA的韵律感

2.1.2　夹心要素的重构

在水平向空间的主导下，围护界面、结构体系、垂直交通等夹心要素可自由灵活布置。它们可以遵循正交逻辑，也可以自由弯曲；可以融为一体，也可以是相互分离的单独体系。

这为水平方向主导的夹心构成提供了广泛的可能性。

2.1.2.1　整合集中

将夹心要素整合后集中布置可以减少空间限定所受的客观约束，为室内空间留出自由分隔的可能，保持高度的灵活性；可以使空间变得更加开放，让不同类型的使用空间彼此渗透；可以减少人与人之间、人与建筑物之间的阻隔，引发更多的交集，从而为信息交流和活动方式的变化带来无穷的适应性。

在仙台媒体中心中，夹心要素表现为13根形状各异、粗细不等的管状柱，被伊东丰雄称为“TUBE”（图2-4）。它们用细长的钢管焊接而成，覆以透明的钢化玻璃。TUBE使柱子这个建筑要素的意义发生了变化，发展为集合了各种功能的竖向综合体。有的TUBE内安装楼梯、电梯等，起到交通核的作用；有的TUBE内安装各种管道，

＊图 2-4 仙台媒体中心，Toyo Ito。室内 TUBE 的不同功用

＊图 2-5 古河公园咖啡厅，SANAA。纤细的柱子

起到设备井的作用；有的 TUBE 则是一直通到屋顶花园，输入外部的阳光和空气，起到了共享空间的作用。这些 TUBE 在建筑中自由布置，使空间避免了传统的隔断方式；每层都可以形成开放的大空间，没有明显的空间交接处；人们在建筑中可以随意流动，把街道生活的丰富性引入到了建筑之中。

2.1.2.2 分解离散

如果说仙台媒体中心中的夹心要素还承担着视觉上的支撑作用，那么在古河公园咖啡厅中柱子的离散布置则使夹心要素趋于消失。为了营造一个融于自然的场所，而不是在自然中插入某个东西，妹岛和世与西泽立卫在建筑中尽量弱化夹心要素在垂直方向的穿透，通过分散夹心要素使之趋于归零，从而在人的视域中可以忽略不计（图 2–5）。在功能上承重而在视觉上成为障碍的柱子被分解成直径 6.05cm 的纤细构件，并以尽可能远的间距分散在整个建筑中，使承重结构看上去非常轻盈。室内还设置了四片 6cm 厚的薄墙以抵抗水平推力，墙身涂有镜面反射材料，在反射了周围景色和天空的同时弱化了自身的存在（图 2–6）。建筑中服务空间的界面与顶板脱离，展现为装置小品的形

*图 2-6　古河公园咖啡厅，SANAA。表面涂有镜面反射材料的薄墙

*图 2-7　古河公园咖啡厅，SANAA。以装置形式呈现在建筑中的服务空间

式，削弱了通高隔断所产生的封闭感（图 2-7）。

夹心要素的离散使剖面切去了向下拉的垂直维度，建筑与地面的接触更加微弱。建筑几乎没有重量，它并不向下压，而是由于与地面平行没有交点而倾向于在地表上漂浮，因此建筑物紧贴地面并且非常容易地进入景物中。

2.2 二维连续面的凹凸变化

在绝大多数情况下，即使对空间不加限定，空间也不可能是完全均质的。由于空间的用途、毗邻空间的相互作用以及人在其中的活动及心理感知，空间的各个领域自然就产生了差异。地球的空间充满着重力的吸引，它把垂直定为标准方向，其他的空间方位是根据它与垂直的关系而被理解的[8]，因此通过空间界面在垂直方向的凹凸变化可以使不同性质的空间更好地区分出来，加强人们的空间感；同时又可以维持视觉的连续性,促进空间之间的交互作用。

2.2.1 凹凸的两面性

二维连续面在空间限定中具有两面性，在对一侧空间进行围合限定的同时也相应影响了另一侧的空间形成。当边界是直线或平面时，力和反作用力的对抗接近平衡，两侧空间的陈述以两种相互孤立的方式表现，两者之间没有可读关系或可读关系较弱。当边界以凹凸变化相互咬合时，力和反作用力的对抗此消彼长，两侧空间存在一个自然的一致性或空间形态的同一性。

MVRDV 在荷兰乌德勒支设计的两户联体住宅中，通过分户墙的凹凸变化形成剖面上相互咬合的关系，两侧空间相互牵制又相互依赖，满足了各自对面积、朝向、景观的要求（图 2-8）。设计首先在总建筑面积一定的条件下调整体量把进深压缩到最小，从而把房子提高到四到五层高，以保持后花园面积的最大化并增加两户朝向花园的景观立面。其次调整分户墙，使两户在不同的高度分别取得面向花园的最大开间，并根据两户的功能要求做出相应调整。然后在此基础上挖除部分体量形成屋顶花园和停车库。最后插入“盒中盒”作为卧室，卧室的楼板与分户墙凹凸所形成的楼板位置不在相同标高，使得本已十分丰富的室内空间更加活泼。

在整个过程中，分户墙两侧空间的相互关系始终是设计的动因（图 2-9）。设计第一步通过调整体量压缩进深，

＊图 2-8　两户联体住宅，MVRDV。通过分户墙的凹凸变化形成剖面上相互咬合的关系

改变了空间各维度的几何尺寸关系，把问题的解决出路转移到了剖面。接下来对分户墙的调整是整个设计的关键，它不仅解决了两户的不同诉求，也实现了剖面上的流动空间。由于平面在此被极大弱化，因此这里的流动空间还是二维的，只是把密斯的水平流动转移到了竖直方向。

2.2.2　凹凸的方向与角度

在对二维连续面进行凹凸变化的操作过程中，改变凹凸的方向与角度可以产生不同性质的空间。当界面凹凸平行或垂直于重力方向时，可以对空间进行简单的划分，空间具有稳定的趋势；当凹凸方向是在平行和垂直于重力之间变换时，界面之间的界限变得模糊，倾斜的界面产生了一定的导向性，空间具有了动势。

在横滨港码头的设计中，FOA 通过界面的凹凸变化生成了高低错落的各种空间形态，不仅满足了流线组织的多种选择和可能性，还创造了一个能容纳城市居民和旅行者的地景公园（图 2-10）。设计首先从基地、城市和公众对“海”的视觉要求来考虑，把建筑作为一个地面形态来处理，满铺基地。其次根据功能需要把建筑分为上下三层，屋顶形成一个公园般的开放空间，屋顶之下是带有交流等候空

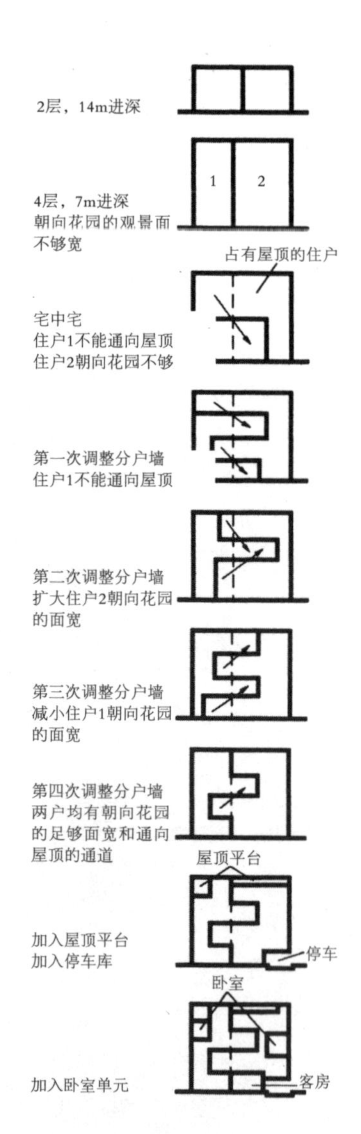

＊图 2-9　两户联体住宅设计生成过程分析

*图 2-10　横滨港码头，FOA。利用界面的凹凸变化把建筑塑造为一个地景公园，并形成高低起伏的室内空间

间、餐厅和商店的主体空间，最下面一层是停泊和机械设备空间。然后，对各层界面进行凹凸变化，形成了不同标高的空间，分离了相对独立的功能区域；同时也产生了不同坡度的倾斜面，实现了不同区域之间的自然过渡。最后，进一步根据视觉和功能要求，对不同的位置进行切割，对切割部位进行拉压等操作以满足视觉和功能的要求，生成出入口、采光天窗、下沉广场等。

在该项目中，FOA 总共运用了 32 个连续的横剖面（图 2−11）。横剖面一方面表现出如何利用二维连续面的凹凸变化形成三维空间结构，另一方面也强调出三维空间结构的连续转换。而纵剖面则反映了如何实现各层功能的自然连接，如何以多层面、相互连接的叠合关系取代传统交通建筑中线性的人流流线组织（图 2−12）。在这里，二维连续面的凹凸变化使地面、屋顶、墙面结合成一体，它们互相穿插、交汇，没有明确的交界。这种处理方式自然引导了人在各个层面的流动，提供了视觉和运动的连续性，实现了空间的三维流动。

*图 2−12　横滨港码头纵剖面，FOA

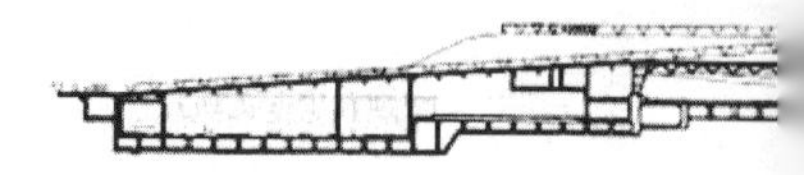

*图 2-11　横滨港码头横剖面，FOA

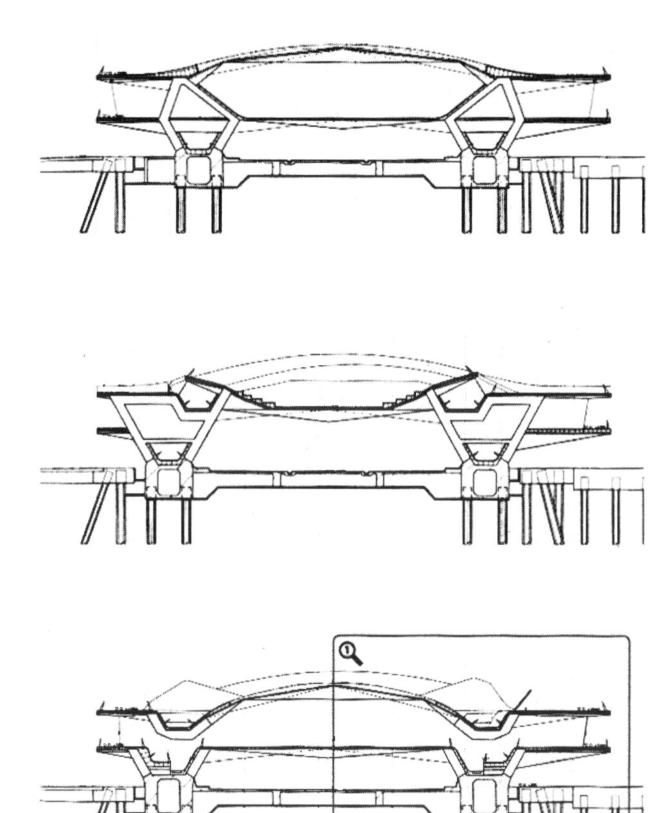

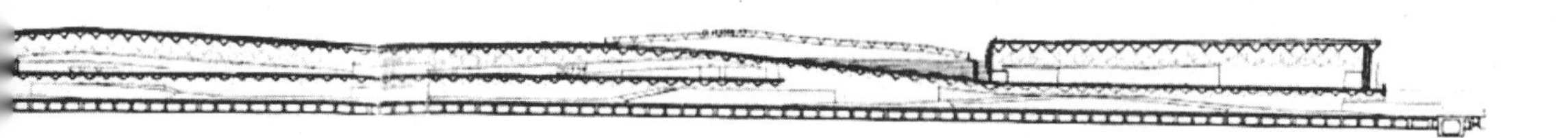

2.3 层的消解

千百年来，层的概念和地位在建筑中是不可动摇的。层是建筑物在设计、建造和使用过程中由结构体系支撑的基本向度——水平面。层决定了建筑的施工和建造方式，控制着建筑师的设计与表达，也影响了建筑的审美观念。层的模式是不连续的，即使是用斜坡连接两个楼层，也没有实现层之间在使用方式上的连续，而是用线性交通把上下楼层明确地区分开来。数字技术的成熟和应用，对建筑空间形态产生了冲击与颠覆，传统建筑空间中层之间的叠加关系被消解。层消解的基本特征是空间基面的非水平面化，它实现了上下层空间的连续与流动，消解了重力对层和人的支配关系。

2.3.1 功能性斜面

功能性斜面与空间的功能定义紧密相关。它将层的水平状态的改变与空间特定的使用方式结合起来，以满足空间的倾斜功能，比如礼堂的升起、观演台等；间或可以穿插与其他功能的重合或交融来增加空间的趣味性，比如结合坡道布置展览空间，以此消解建筑中传统“层”的概念，促进空间在竖直方向上的进一步解放。

UN Studio 设计的奔驰博物馆就是结合展览的连续特性设置了两条螺旋坡道作为空间组织的主角（图 2-13），把展台作为附加在竖向活动路线上的功能区。这打破了传统的以水平层为主、竖向交通为辅的分间分层的做法，使人在不间断的流动中完成整个参观的体验。空间上，三个近似圆形的展区平台围绕着类三角形的中庭不断旋转，交替占据单层或双层高度的空间；它们通过带缓坡的人行桥与出现在建筑周边的两条螺旋坡道加以联系（图 2-14）。观众首先乘电梯直达顶部，然后沿坡道自上而下进行参观。两条坡道如 DNA 螺旋体般相互交叉，便于观众随时更换参观路线。倾斜的空间基面赋予了空间流动性与导向性，构建了或围合或开放的多种空间形式；同时加强了不同主题展厅间的连贯性，使参观流线相对灵活与便捷；提供了观看展品的全方位视角，增加了人与人之间各种交流的可能性。奔驰博物馆的双螺旋结构体系很容易让人联想到赖特的古根汉姆博物馆。不同的是后者是单向的上升路径，环游性的移动使停留变得困难；而前者提供了参观流线的多种选择，平层的展台提供了让人驻足的机会。

功能性斜面打破了水平竖直的建构体系，消解了平面

＊图 2-13　奔驰博物馆，UN Studio

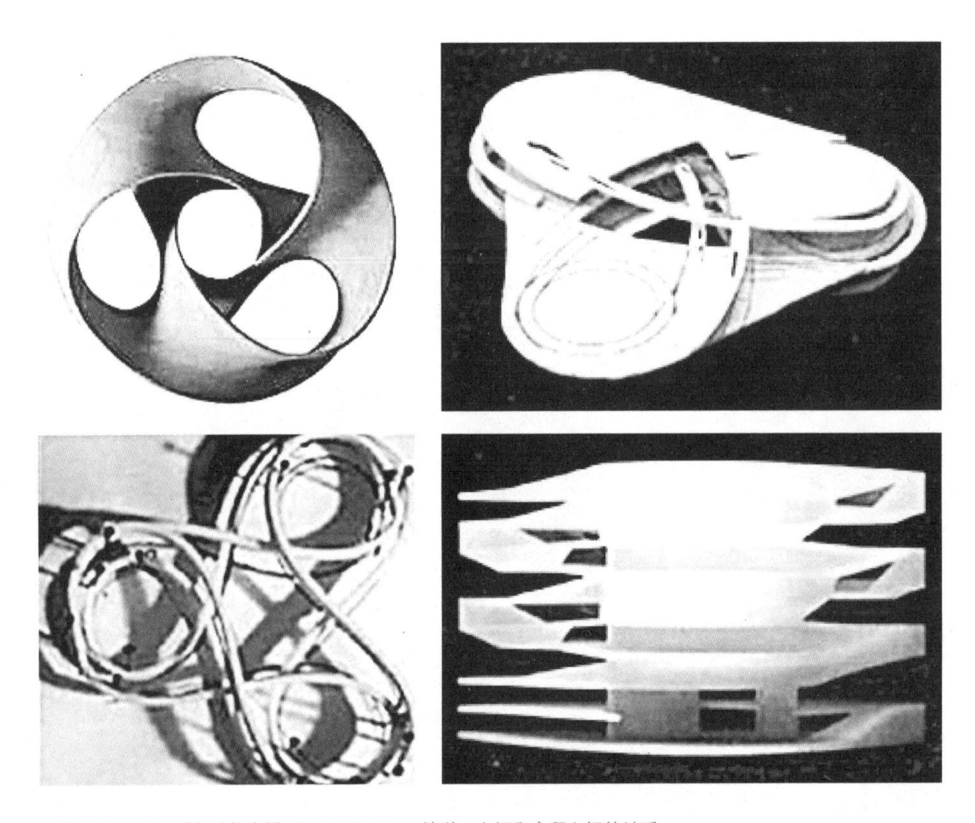

*图 2-14　奔驰博物馆概念模型，UN Studio。坡道、空间和高程之间的关系

的层叠模式，使建筑在结构和空间上都显现出完整性。但不管是受空间几何特征限制呈现为特定的视觉形式，还是作为人的运动方式的线性连续，都必须依附于空间的特定功能。只有当可倾斜的界面在建筑中主导空间构成时才能实现层的消解，因此不具有普适性。

2.3.2 可居住的斜面

法国哲学家保罗·维希留与建筑师克劳德·巴宏发展了“倾斜平面”理论，认为一个成角度的平面推翻了水平与垂直空间的常规，提供了可居住表面和连续空间流线的可能，构成了建筑的第三种空间可能性[9]。可居住的斜面通过将水平楼板倾斜并直接与上下层相连，改变了空间基面与重力方向垂直正交的关系，利用打破平衡的方法来激发人对空间的感知。它追求的不是一个静态稳定的状态或环游性的通道概念，而是强调人在斜面上活动的多样性和不可预测性。楼板的倾斜导致了水平面的渐变以及在不同层面的缺失，将平面图转化为一个连续的扩展，平面与剖面连为一体，引发了人自觉运动的可能。

库哈斯在巴黎朱苏大学图书馆的设计中，通过楼板的折曲变形，使所有毗邻楼层之间都相互搭接，将空间展开在一个连续的斜面上（图 2-15）。从围绕建筑中心一圈所得的长剖面（图 2-16）上可以看到复杂的斜面设置，其中一条自下而上直达顶部的倾斜楼板贯穿了建筑每一层，连接了各个环节，将内部空间展露无遗。空间没有被分隔成独立的单元，而是将隔墙最大限度地消解，并通过竖向的层次相互贯通，使得原本被分隔开来的不同使用方式相互混杂，创造出新的活动事件。为了使动线变得更加丰富和流畅，建筑中设置了一些相对更有效的通道、自动扶梯和电梯等（图 2-17），可以产生距离较短的通路，为行人提供符合活动机能的选择，并建立起计划性的连接。倾斜楼板所展现的效果犹如一条街道，这不仅反映在从地板到天花板平均 7m 层高的宏大尺度，也体现在都市计划中所必备的活动系统，如广场、公园、有特色的阶梯、咖啡厅和商店，因此在图书馆的体验变成了一种城市景观的感觉。

倾斜基面的可居住特性，瓦解了传统空间中楼板的水平化处理。发生接合的两层楼板所围合的空间，在接合端观察，楼层空间消失；而在接合端的相反一侧观察，楼层空间又出现。这种忽而出现忽而消失的楼层空间使建筑的

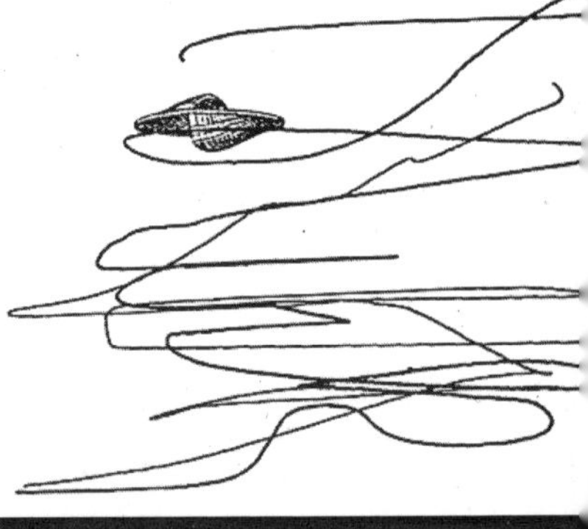

*图 2-15　朱苏大学图书馆概念草图及模型，Rem Koolhaas

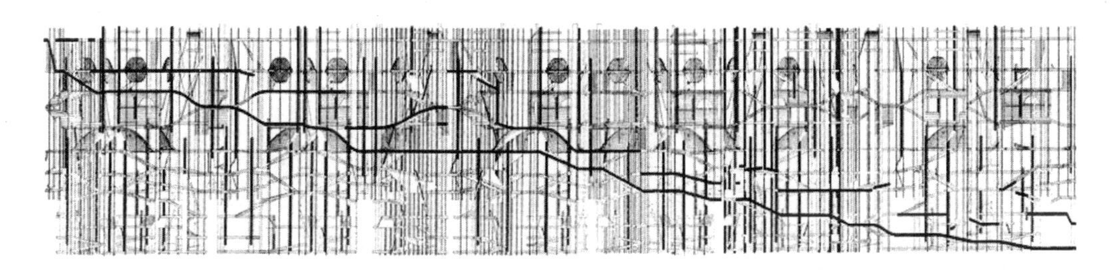

*图 2-16　巴黎朱苏大学图书馆旋转的剖面图。复杂的斜面设置中，一条自下而上直达顶部的倾斜楼板贯穿了建筑每一层

*图 2-17　巴黎朱苏大学图书馆剖面图。以一系列通道、自动扶梯、电梯建立起计划性的便利连接

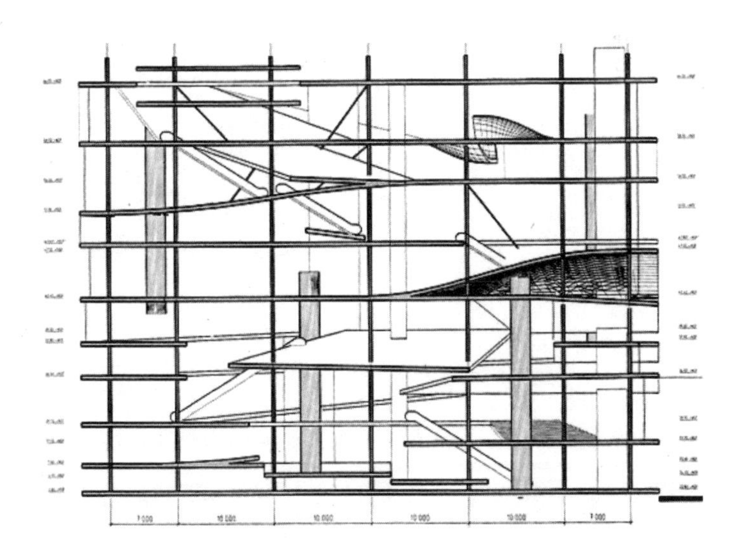

准确计层出现了矛盾，促使固定的楼层结构、稳定的层间边界以及明确的层次等级开始消融。

2.4 多向度软性界面的拓扑演绎

近年来，随着计算机三维设计技术的运用和普及，虚拟世界中复杂多变的空间和形体逐渐成为现实。人们试图利用数字技术在人工环境与自然环境之间引入相融的软性基面，彻底打破现有建筑几何形体的限制，创造一种连续、流动、自由的新建筑形态。空间界面的多向度柔曲造型，将建筑的顶面、底面以及四壁处理成连续的方式，使各界面在建筑形态上的重要性更加接近，以一种渐变的方式实现了空间竖向发展的平滑与连续。它不仅进一步扩展了空间之间的关系，也使得空间之间的关系与空间自身的形状密切关联。

2.4.1 不确定的内与外

由于多向度软性基面本身不具有明确的水平或者垂直特性，因此当它出现在建筑中时，它常常既是室外的面又是室内的面，甚至内外表面从属于同一个面。其最有代表性的就是莫比乌斯带。它通过自我扭转、首尾相接，形成了一个单侧的曲面，实现了同一空间内外表面的连续。这种惊人的连续性也是对内与外的概念的颠覆。它的整体就是一个物体，没有上下、没有内外、没有方向感，只有相对的位置。它的参照物不能是自身，只能是外部的物体。

FOA 设计的虚拟住宅方案试图达到莫比乌斯带所展示的有趣的空间界面特点。它把建筑的屋顶、楼板、墙体混合在一起组成了一个连续和循环的表皮结构，改变了表皮作为内外空间分界的传统角色（图 2–18）。空间界面在剖面的对角线方向由线性状态转换为曲面状态，并由此实现空间的内外转换。它可以结合功能处理做出高低、角度等的变化，以便合理有效地利用空间，使不同需求的空间分隔得以实现。在此过程中，内与外、上与下之间的定位关系被不断颠覆，界面的方向感消失，仿佛处在不断的运动过程中。莫比乌斯单元的堆叠产生了住宅房间无限增殖的可能性，以适应不可知状态下生活的需求（图 2–19）。

莫比乌斯带这一原型空间的运用，形成了一个光滑连续的空间界面，表达出了空间内外的不明确与模糊定义，从而带来了一种全新的流动空间形式。莫比乌斯带所表现

*图 2-18　虚拟住宅，FOA

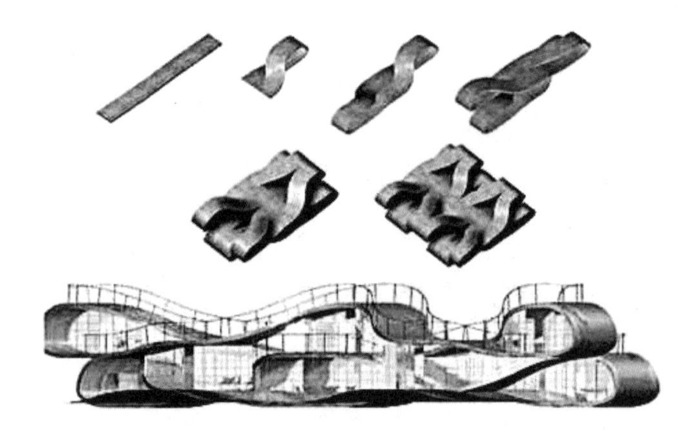

*图 2-19　虚拟住宅的单元堆叠，FOA

出来的塑性和延展性将建筑空间在高度维度上的连续表达得淋漓尽致，但地心引力让其正反界面的同一性无法在建筑空间体验中获得相应的表达。

2.4.2 拓扑多孔体

拓扑学主要研究几何图形在连续变形下保持不变的性质。在拓扑学里没有不能弯曲的元素，每一个图形的大小、形状都可以改变。如果凸多面体在平面中按一定的规律以侧面连接，会形成中间带有孔洞的环形多面体。再以环形多面体为基础在三维空间里进行堆积集结，会形成充满孔洞的堆积多面体。堆积多面体的表面经拓扑变形可变成柔软、弯曲的双曲面，我们将这种孔洞多面体称为拓扑多孔体。拓扑建筑学的非线性、不确定性与流动性颠覆了传统笛卡尔体系的稳定性，使得传统的形态等级变得模糊，各形态元素之间的互相依赖得到加强。计算机技术赋予了建筑师以空前的自由来探讨建筑形态，并通过拓扑学的方式进行演变，拓扑建筑学从对建筑的重新审视中创造出新的形态秩序。

伊东丰雄设计的比利时根特歌剧院通过将空间界面进行弯曲、伸展、贯通，构成了连绵延伸的拓扑空间，呈现为一个巨大的流体空间系统，像一个充满孔洞的有机体，给人迷宫般的印象（图 2-20，图 2-21）。整个建筑由两套独立的空间系统合成——音响场所与都市活动场所，这两套空间系统是彼此平等的而不是依从的关系（图 2-22）。它们有着相同的整体形态，在各自内部都向水平和竖直方向延续，形成贯穿系统内部的流动空间；但是它们彼此间从不相交，各自与拓扑曲面的单面相联系。为了适应特定的使用功能，将两套空间系统的理想形式进行拓扑变形，使其空间大小、开放程度在建筑的竖直方向形成了互为颠倒的有趣转化。比如，在越接近地面的地方，都市景观场所不断增加且呈现为开放的姿态，它容纳了休息厅以及向所有区域流动伸展的流通空间，而音响场所则不断减少并由封闭的空间所组成；当随着楼面向上移动，都市景观场所逐渐减少，形成了一个封闭的区域，容纳楼梯、电梯和货梯等，而音响场所则变为一个潜在的开放空间连续体，将观众厅和工作室等连接起来。在此变化过程中，一些可变元素的使用将音响场所与多种体验音乐的方式之间建立了各种不同的关系。关闭或打开可变的隔离物可以产生不同的空间形态，以适应不同规模和类型的音乐会和表演所需要的不同空间结构。

拓扑多孔体通过对三维体量的分析实现了空间形态的突破，剖面上表现出足够的自由度，但是过于不平坦的空间基面却会限制人的活动，因此其空间内部有时会再设置平面型楼板实现对空间形态的修正（图 2-23）。这也是多向度软性界面自由发展的局限所在。

＊图 2-20　比利时根特歌剧院模型，Toyo Ito。连绵延伸的拓扑空间

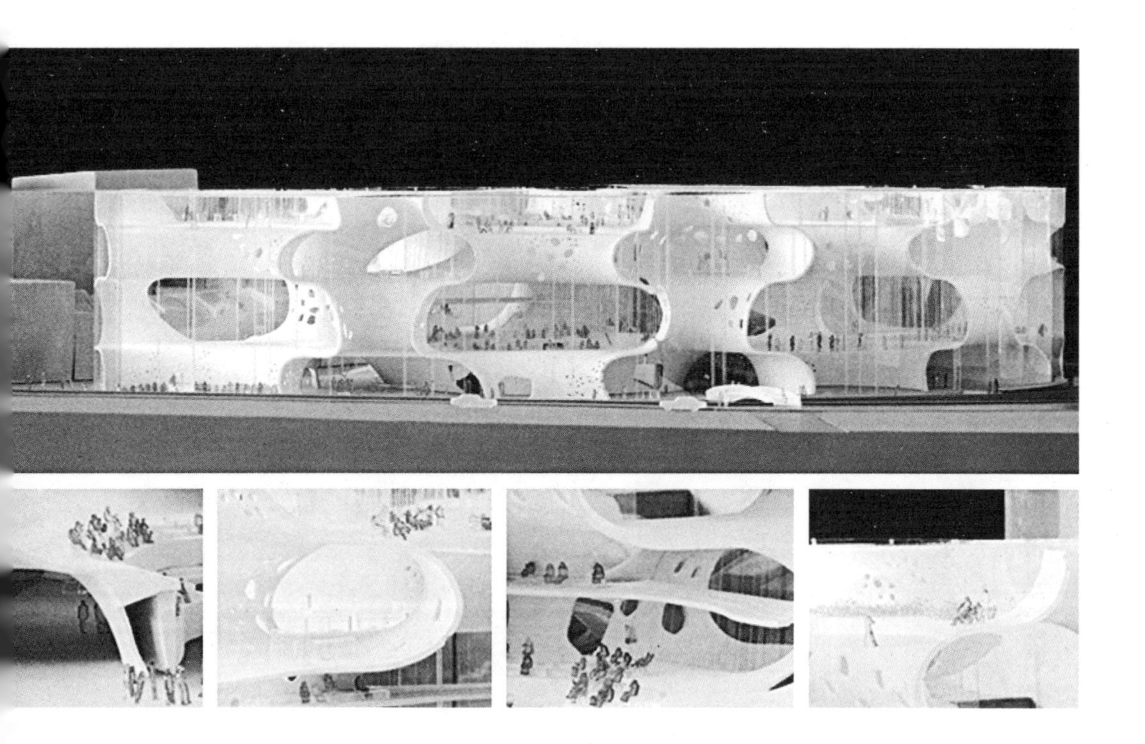

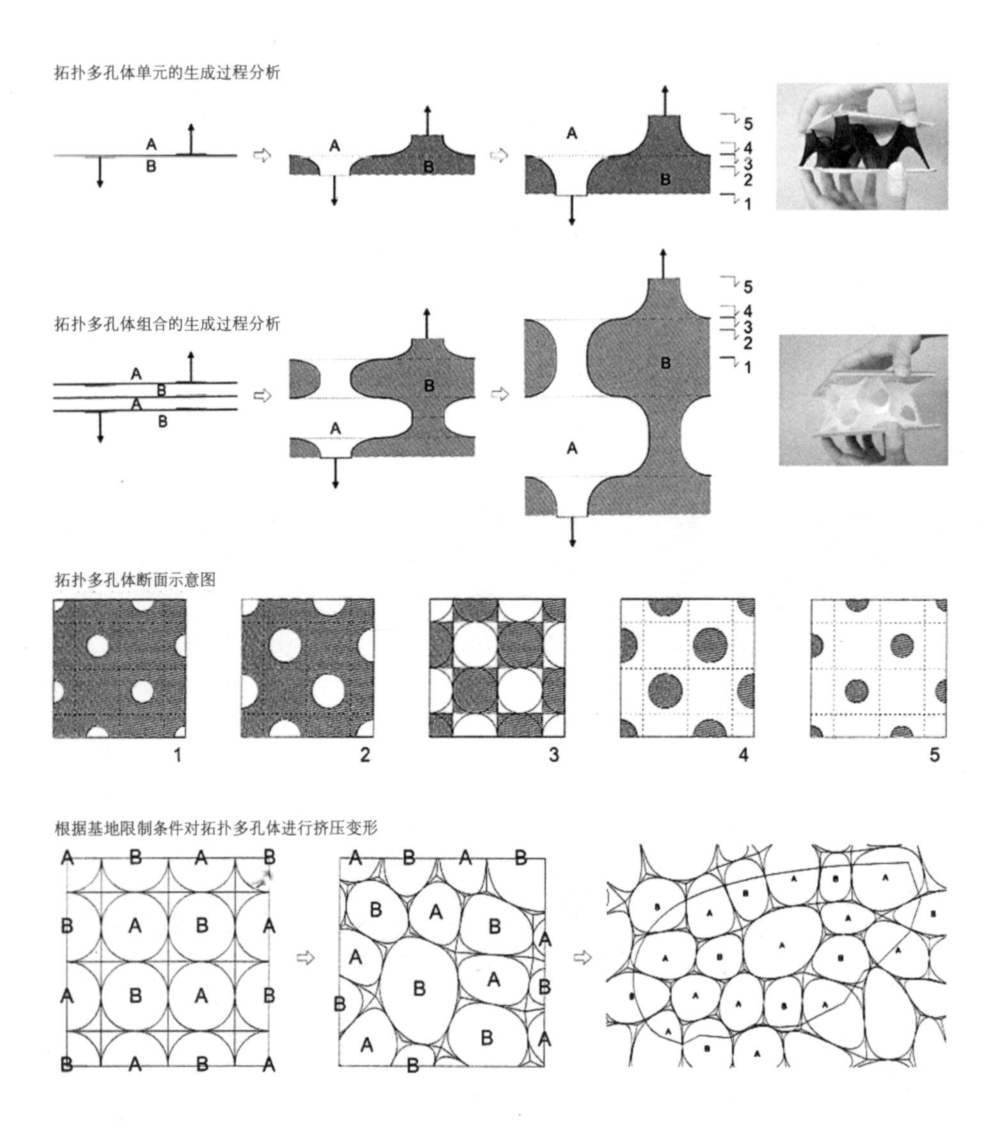

＊图 2-21　比利时根特歌剧院形体生成过程分析

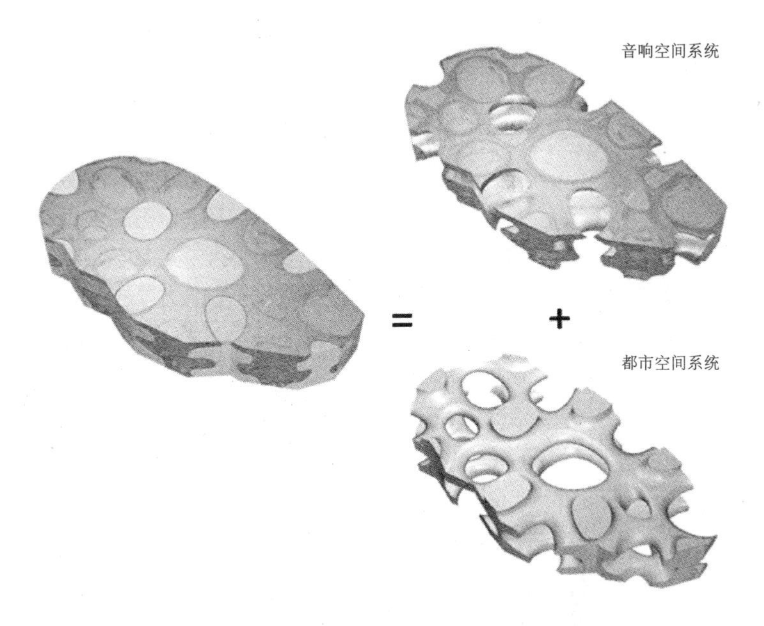

*图 2-22　比利时根特歌剧院空间系统合成

*图 2-23　比利时根特歌剧院剖面

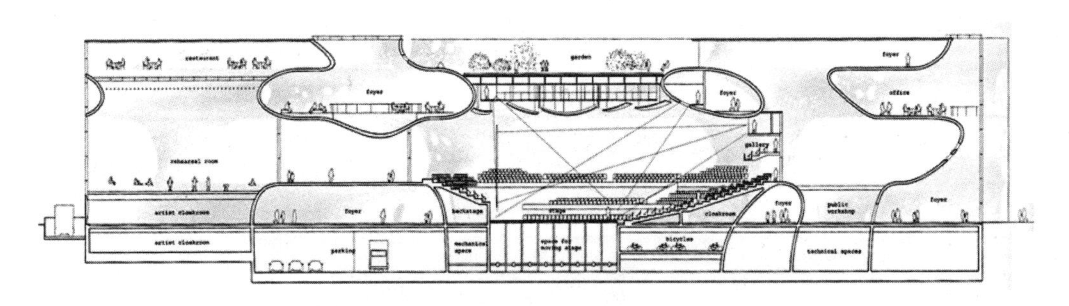

第三章

空间连接的剖面策略

3

建筑区别于绘画、音乐、雕塑等其他艺术形式的地方在于只有建筑能够用三维实体的中空部分把人包容进去；就其他艺术形式而言，人只能置身其外感受空间。因此建筑艺术的本质在于那空的部分，在于被围起来供人们生活和活动的空间[10]。建筑的形成有赖于这些虚空部分之间的相互关联，这种关联形成了建筑中的秩序，反映在剖面上则体现了建筑的竖向发展逻辑。当代建筑中空间的竖向连接不再局限于重力作用下的简单排列组合，而是建筑整体与外部环境之间、整体与局部之间、局部与局部之间相互关系的阐述，是各种建造、使用和审美的逻辑在设计中的体现。

3.1 接地关系的极化

在物理上，大多数建筑物其实是通过它们的基础、地下室等扎根的。然而在空间形态上，设计的视觉平衡仅仅是处理眼睛看得到的东西。因此本节讨论的接地关系是指建筑与地面的关联，也即地面与二层的联系处理。接地关系涉及建筑在场地的选址、建筑自身的功能、建筑与周围环境的依存和影响，因此其重要性是不言而喻的。可以这么说，接地关系的处理是以建筑与地面连接并且与之分离之间的相互平衡为目标的。由于地心引力将所有有质量的物体以最直接的方式拉向地面，这就促成了接地层对垂直形式的偏爱。于是大多数建筑与地面的关联都被直墙所限制，并表现为理性化的几何控制秩序和人工化的材质肌理。这种方式将建筑与地面机械化地并置在一起，两者之间缺少对话[11]。当代建筑师对重力、地面支撑、竖向布局的关注，激发他们摆脱以往桎梏，以更加明确、彻底、极端的姿态诠释着建筑与地面的关联。

3.1.1 悬空漂浮

长期以来，建筑接地关系的主流是将大地作为一个基面，建筑呈现为在这个基面之上展现自身的异质化实体。

当代建筑在此基础上更加推进了一步，采用更纯粹的几何形体、更光洁的材质表情以及由柯布西耶强调的架空发展而来的飘浮感，将建筑从大地上游离出来，把大地作为一个背景和衬托，强调了人工造物的自明性和完备性。

费诺科学中心地处沃尔夫斯堡的重要位置，因此设计除了需要彰显自身特色之外，还必须成为联系周边的重要一环。哈迪德对此提出的策略是悬浮——在运动的观念和形态下通过架空首层凸现建筑并在周边环境之间寻求平衡（图 3-1）。设计首先突破了传统层叠式的空间布置策略，将所有展览空间都集中放置在一个单层的、平面接近梯形的混凝土盒子里。再把混凝土盒子抬升至离地面约 8m 高，架设在几个作为结构支撑体的混凝土倒圆锥体之上，这些中空的倒圆锥体包含了建筑物所需的各种辅助设施和用房（图 3-2）。然后根据几条城市主要轴线调整倒圆锥体的位置，留出视线通廊，在各个方向的景观点之间建立视觉上的联系。最后结合基地周边多条人行和车行所构成的动线调整架空层地面的起伏状态，在混凝土倒圆锥体附近形成隆起积聚，其间的凹陷部分则布置行人走道（图 3-3）。对费诺科学中心所进行的悬浮操作使架空首层不再只是一

*图 3-1　费诺科学中心，Zaha Hadid

*图 3-2　费诺科学中心，Zaha Hadid。容纳了各种服务设施的倒圆锥体

*图 3-3　费诺科学中心，Zaha Hadid。倒圆锥体之间留出视线通廊和人行走道

传统层叠式空间布局

集中放置

抬升体量，架空首层，利用倒圆锥支撑体容纳辅助设施

调整倒圆锥体位置及倾斜角度，留出视线通廊

调整地面起伏度，布置人行走道及建筑出入口

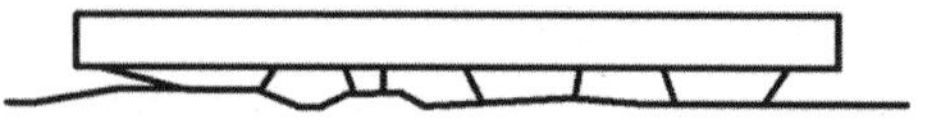

*图 3-4　费诺科学中心设计生成过程分析

块平淡无味的白板，而是一个被建筑师赋予新的含义和角色的、充满活力的地方（图 3-4）。

在建筑学的发展中，地心引力是普遍存在着的不变的力，我们惯常的视觉经验都传达着牛顿力学对重力概念的预设。费诺科学中心就是利用抬升体量、架空首层、倾斜支撑体以打破这种预设，使建筑与地心引力的关系得不到视觉习惯的确认，从而就产生了一种视觉上对重力的摆脱，建筑就具有了升腾的动量和漂移不定的动势。

3.1.2 相互嵌入

接地关系的极化处理除了以简单和谐的平行来强调建筑的自治状态之外，还有另外的取向存在。这就是使接地层与地面形成一个统一的形式与空间系统，将建筑与大地视作同一的整体，使大地表面的空间自然流动进入建筑内部。然而在其中并不刻意掩盖和隐藏人为力量的存在，而是使人工化的印痕在自然伟力的造物中以一种既统一又自信的态度存在。

在乌德勒支教育馆的设计中，库哈斯就是将建筑体量与地面作为一个整体进行变形，以此表达出人工造物与地面景观浑然一体的关联性。它将地面向上升起形成坡道并继续翻折形成侧界面乃至上层的楼板，并通过剖面化的立面把对地表的这种操作表达到建筑的外部形态上，仿佛大地的表皮被掀开后把建筑揳进去（图 3-5）。地面的翻折形成了入口的灰空间，既像一个城镇广场，又像一个混合客厅，具有强大的凝聚力，能迅速引入公众人流和内部交通。被掀开以后的地面形成了立体的层叠构成，让人分不清究竟哪一层才是真正的接地层。接地空间的连续流动使建筑不再像以前那样形成一个自我完满的封闭系统，而是成为地面景观连续系统的一个章节。

嵌入地面的建筑不再是兀然站立的几何体，而是通过空间的渗透和转化与大地相互融合，甚至创造性地对地表进行重构。建筑将其自身的完备性整合统一于地面系统之中。它不是完全消解，而是在接地关系的处理上很大程度地调和了建筑与地面的二元异质性，留存、保持和发展了地面景观空间的连续性。

⋆图 3-5　乌德勒支教育馆，Rem Koolhaas。地面翻折形成入口灰空间

3.2 空间单元的自由关联

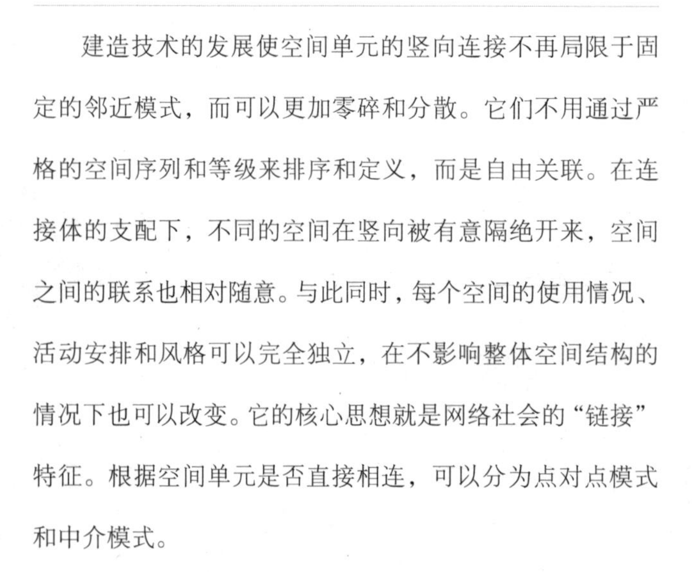

建造技术的发展使空间单元的竖向连接不再局限于固定的邻近模式，而可以更加零碎和分散。它们不用通过严格的空间序列和等级来排序和定义，而是自由关联。在连接体的支配下，不同的空间在竖向被有意隔绝开来，空间之间的联系也相对随意。与此同时，每个空间的使用情况、活动安排和风格可以完全独立，在不影响整体空间结构的情况下也可以改变。它的核心思想就是网络社会的“链接”特征。根据空间单元是否直接相连，可以分为点对点模式和中介模式。

3.2.1 点对点模式

点对点模式是指在空间单元之间建立简单直达的联系。它们没有等级差异，也没有占主导地位的空间。任何一个空间单元都可以通过廊道、楼梯等方便地到达其他空间，这使得空间之间的联系可以摆脱等级秩序的限制而变得极其自由，因而产生了前所未有的不稳定性，也就具有了动态重组的特性。

在1999年巴黎布隆利原始艺术博物馆的竞赛方案中，MVRDV采用了一个紧凑的布局和堆叠的建筑形式，并在各具特色的空间单元之间建立灵活的路径连接，体现了多元文化的差异性和相容性。设计首先利用材料、尺度、形状和光线的差异创造了多样化的展览空间，以满足不同展览内容和展览方式的各自需求。然后把空间单元按照上下左右的顺序进行堆叠，使博物馆成为一个融合了许多差异性空间的综合体。接着以连廊、坡道、楼梯和自动扶梯等在空间单元之间建立联系，便于观众随时更换参观路线（图3-6）。这些各具特色的空间单元相对独立，它们不拘泥于风格或者构成，而是作为一个容器，以求最大限度地体现内部差异性。单元之间的连接无论在视觉上还是空间上都建立了可选择的关联，根据不同的展览策略可以进行调整组合以达到最佳配置。空间单元的透明表皮向城市展示了其丰富的内部空间，传达了多元的文化信息。

简单的形体、多样的组合共同构成了一个统一的整体。它突破了传统的平面化线性展览方式，形成了参观流线的三维组织，从立体上解决了流线交叉的问题。因人而异的不同流线选择从另一个角度定义了展览内容，展示了不同空间单元之间存在着的更多可能性，激发了建筑内部的丰富性和可变性。

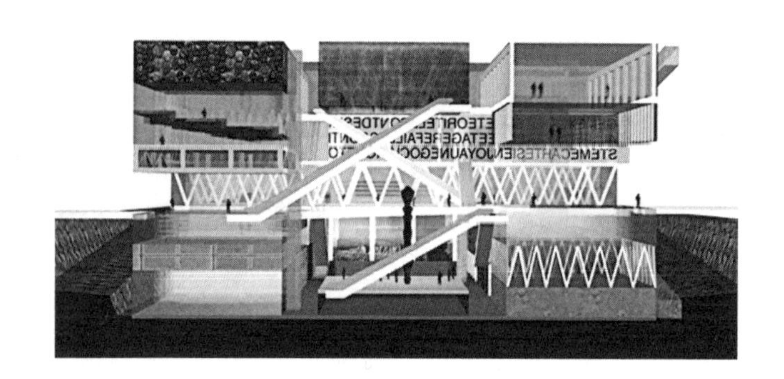

＊图 3–6　布隆利原始艺术博物馆，MVRDV。空间单元之间的交通连接

3.2.2　中介模式

中介模式是指各空间单元从不同位置分别与公共枢纽相连，形成以公共枢纽为依托的积聚特征。公共枢纽所特有的中介性、过渡性的空间特质使各空间单元并不是孤立地存在，而是依靠层次丰富的中间领域进行不同方向的联系和融合，并借助其主导地位和辐射力实现互动。这种模式经常出现在表征“微型城市”的综合体中，它具有城市公共空间的特性，是建筑中体味城市的场所。

在北京当代 MOMA 高层商务公寓区的设计中，斯蒂文·霍尔希望打破高层建筑单向联系和住宅形式标准化的传统模式，因此该项目在空间、体量、形式与功能上呈现出“杂交”的组合方式(图 3–7)。各建筑单体从地下、地面、空中都有机结合在一起，构成了立体的建筑空间关系，环绕和贯穿多维的空间层次成为其主要特征。八栋塔楼围绕着一个反射水池呈环形布置，水面上漂浮着一座电影院。地面层结合商业设置环绕水池的绿化步行开放空间，可供城市人群穿越。中间层提供更多相对安静的屋顶花园，从高处鸟瞰，目光所及总是绿色景象。高层部位通过带有咖啡厅与各种服务设施的环形空间将塔楼连接在一起，构成空中会所。上空环形与底层环形构成了建筑中的公共枢纽，它们将不等高的八栋塔楼连为一体，将城市空间从平面、竖向的联系进一步发展为立体的关系（图 3-8）。它们不断激发偶然的关联，带给人们特殊的穿越体验：人的视点

*图 3-7　北京 MOMA 设计生成过程分析

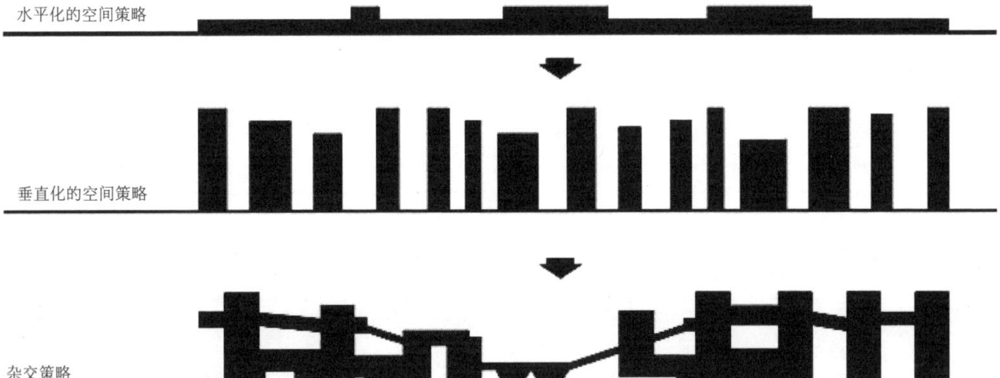

水平化的空间策略

垂直化的空间策略

杂交策略

会随着地面景观和环形空间起伏的缓坡而改变；电梯的转换犹如电影中的“切换”链接到另一个标高的楼层序列中；在此过程中平移过一些令人愉悦的周边景色。

立体化的公共枢纽是建筑中的趣味中心，它将街道层面的活动引入空中，创造了更多邻里交往的开放空间。它在功能复杂的建筑综合体中作为疏散、衔接的中介，起到缓和、组织不同空间的作用。不同归属的建筑空间单元分别在不同标高与之相连，在各自保持相对独立的同时，又构成了彼此延续相通的关系。

*图 3-8　北京当代 MOMA 高层商务公寓区，Steven Holl。上下环路构成的立体化联系

3.3 透明的秩序交叠

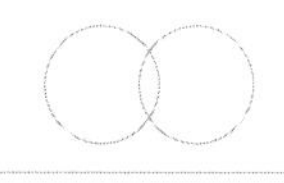

通过空间的叠加、渗透或者暗示，产生可以归入不同秩序的公共部分。这些空间秩序被认为是透明的，它们能够互相融合，同时又自成体系、不互相干扰[12]。它们通过整合彼此关联的部分，将孤立的个别事物转化为充满意义的综合，为问题的解决提供出路。透明的秩序交叠既具有结构秩序的控制作用，又能用作具体的建筑形态操作，是研究空间构成的一种有效的控制工具和思维方法。

3.3.1 平行秩序的叠合

在计算机绘图中，我们通常把一个复杂建筑中的墙、柱子、门窗等具有同类特点的物体分别设置成可以单独控制的一个图层，然后把它们重叠在一起，以方便各图层的修改。同样的方法也可以用在建筑设计中。将复杂的空间状态简化为一系列平行的可以归入不同空间秩序的层次，分解处理建筑中的复杂现象，然后利用其叠合产生内容的相互渗透。

3.3.1.1 竖直方向的叠合

在西雅图公共图书馆的设计中，库哈斯基于当前信息载体的多元化及交互性特征，将建筑在竖直方向分解为虚

＊图 3-9　西雅图公共图书馆概念模型，Rem Koolhaas

实相间的空间序列，分别对应特定的功能和空间氛围（图 3-9）。使之既可以串成一个舒展流畅的整体，又保持自身特征而不失跳跃性。

设计首先在竖直方向上对图书馆复杂的功能进行梳理，把同类合并，最终确定了五个功能实体（图 3-10）。然后把这五个具有确定内容的体量在竖向分离，利用它们之间的空隙形成建筑中的公共空间，功能实体和公共空间通过竖直方向的筒体和斜向钢结构支承。公共空间的内容可变，具有不确定性，它相当于五个实体的分界面，为实体间的交叉活动提供平台。随后把各实体进行水平向滑动，这样就营造出局部二至三层高的贯通空间，使不同标高的公共

＊图 3-10　西雅图公共图书馆设计生成过程分析

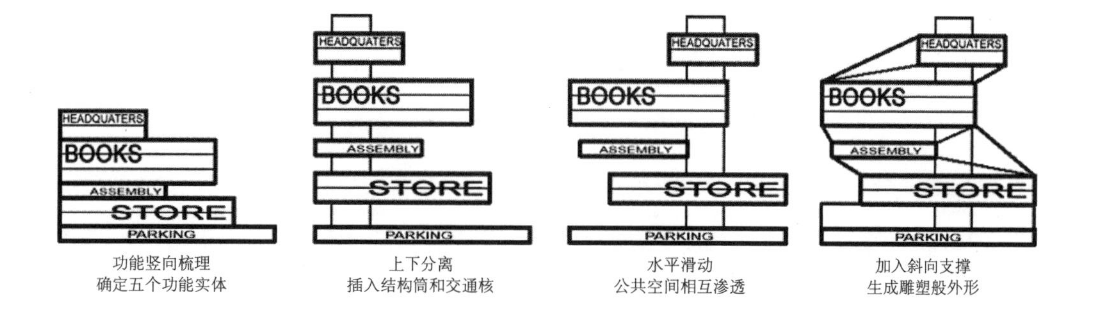

空间之间相互渗透。垂直的电梯和平面上不断改变位置的斜向自动扶梯共同实现了不同标高之间的连接，这也构成了人们在图书馆内部可以选择的两套游览和感知路径。功能实体在三维空间上的交错也塑造了建筑雕塑般的外观，并且每个侧面都可以对特定的都市条件做出不同反应，使建筑与环境达成默契的配合。

沿竖直方向分离的功能实体依据各自内部空间的具体要求具有不同的空间秩序，彼此之间相对独立，赋予了整体以规律性。夹在功能实体之间的虚空部分作为其叠合关系的缓冲和过渡，建立了各层次之间的关联，给建筑带来丰富的可能性。

3.3.1.2 水平方向的叠合

在 S-M.A.O. 设计的圣·费尔南多·德·赫纳雷斯市政厅及市民中心，设计要求沿着紧贴建筑需要保留的遗迹墙建造一个 17.5m 进深的盒子（图 3-11）。遗迹墙的立面组织为两个对称的侧翼以及中央统一主体的方式。与此相呼应，新建筑中央挖去了一个虚空，并围绕遗迹墙设置了一条三层高的公共走道与之相切张拉（图 3-12）。整个建筑就围绕着这个虚空和贯穿建筑的公共走道展开。根据各

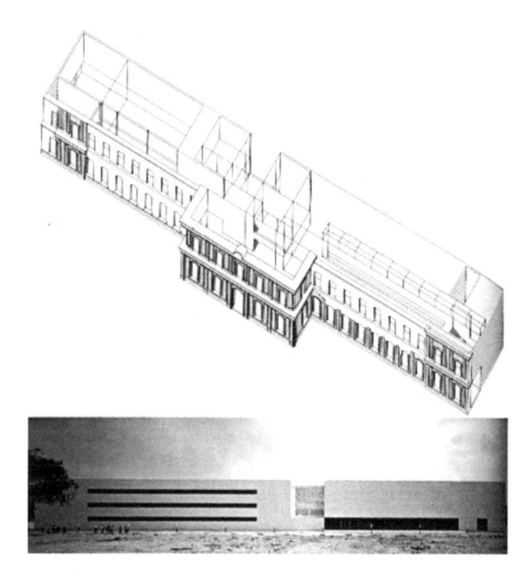

＊图 3–11　圣 · 费尔南多 · 德 · 赫纳雷斯市政厅及市民中心轴测图与外景，S–M.A.O.

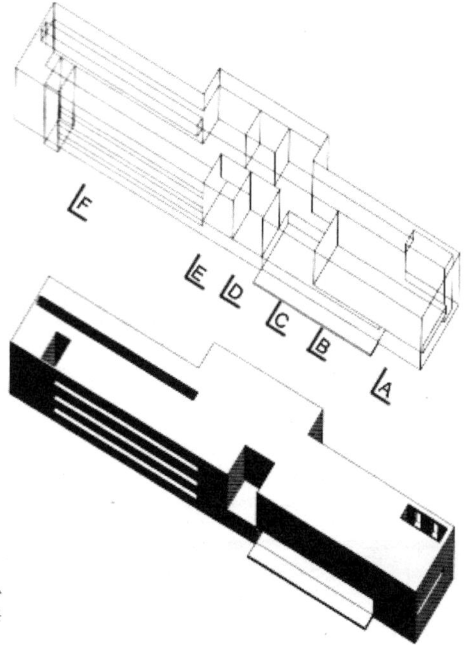

＊图 3–12　圣 · 费尔南多 · 德 · 赫纳雷斯市政厅及市民中心概念轴测，S–M.A.O.。围绕遗迹墙设置的一条三层高的公共走道与建筑中央的一个虚空共同主导整个建筑的空间构成

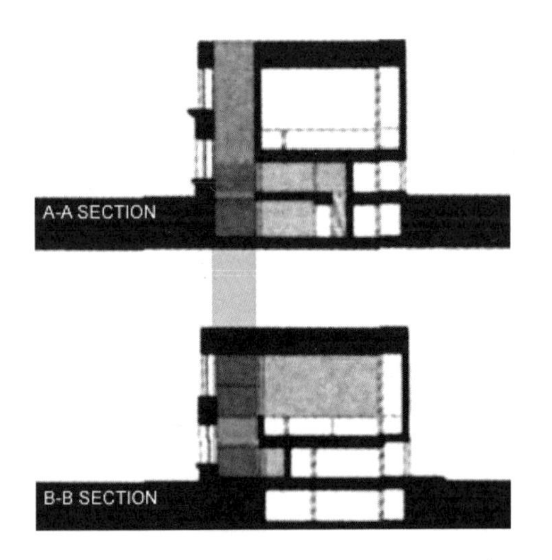

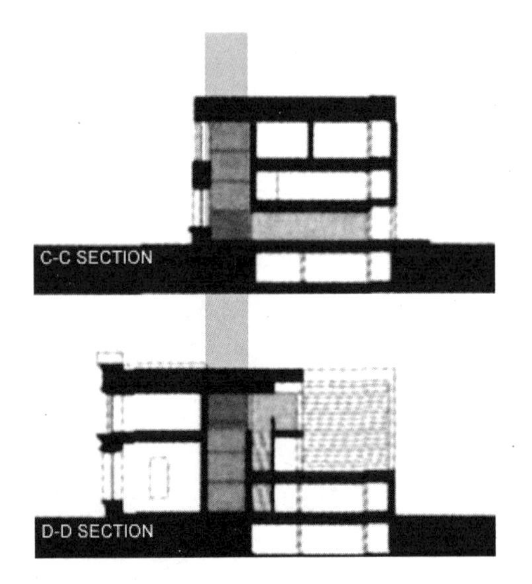

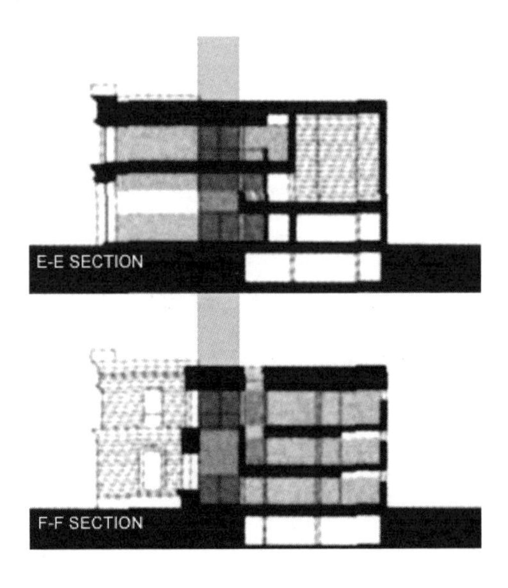

*图 3-13 圣・费尔南多・德・赫纳雷斯市政厅及市民中心连续剖面，S-M.A.O.。以走道为依托，公共空间的开放程度不断变化，以不同的方式向周围空间延伸渗透

部分功能和空间的不同需求，公共走道的开放程度不断变化，以不同的方式向周围空间延伸渗透。因此在沿着这个水平交通核的方向上出现了六种完全不同的剖面形态（图3-13）。整座建筑的空间可以理解为垂直维度的切片延伸后在水平维度上的叠加。

该建筑中的公共走道与西雅图公共图书馆中的公共空间承担了相似的作用：它们都作为叠合层次的过渡元素，在平行的空间秩序间建立起关联。不同之处在于叠合的维度：西雅图公共图书馆是水平切片在竖直方向的叠加，而该建筑是垂直切片在水平方向的叠加。

3.3.2 垂直秩序的交叉

在建筑中发掘可以归入不同空间纬度的层次，利用要素间的彼此占有或介入引发各纬度的空间秩序产生交互作用，由此导致程序上的变化；并且根据不同需要使不同空间秩序分别占据主导，从而更加灵活地解决设计问题。

赫尔佐格与德梅隆为金华建筑艺术公园设计的阅读室（图3-14）利用两套相互垂直的空间体系穿插交融（图3-15），形成了一个复杂的三维空间雕塑。他们在8m见方的立方体表面，以六边形为母题，结合人体尺度和使用

＊图 3–14　浙江金华建筑艺术公园阅读室，Herzog & de Meuron

功能，勾勒出曲折的花格图案。然后把它从立方体表面向内部延伸，形成沿不同方向投射的空间。它们相互碰撞、切割、镂空，形成横竖贯通、迂回曲折的特点（图 3-16）。靠近地面的部分穿透彼此继续向外延伸，刻画出了基地特征，限定出边界、路径、座椅、河道、广场和水池，使建筑与环境浑然一体。这个没有层高、没有入口、没有内外之分的建筑仿佛一座立体的迷宫，提供了一个有待发现的路径和充满意外的空间感受。它为穿行的人们提供了站着、坐着、平躺、斜靠等各种各样的活动可能性，也提供了一个阅读、思考和交流的场所。

*图 3-15　浙江金华建筑艺术公园阅读室设计概念，Herzog & de Meuron。相互穿插的两套空间体系

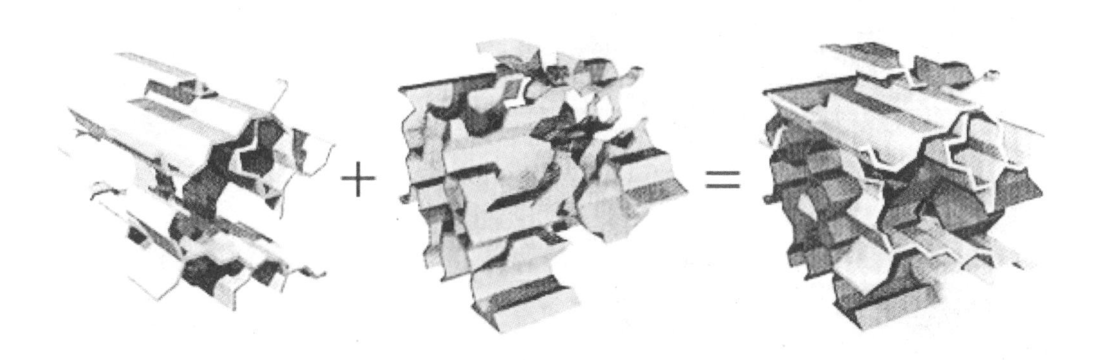

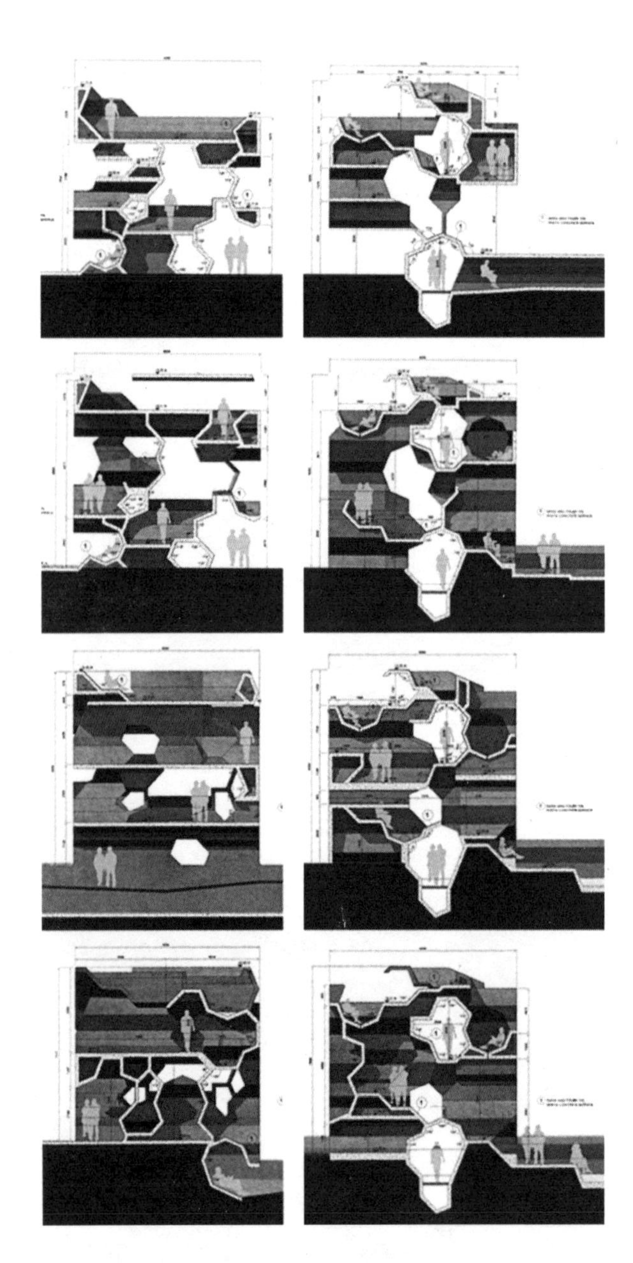

＊图 3-16　浙江金华建筑艺术公园阅读室系列剖面，Herzog & de Meuron

前面所提到的伊东丰雄为比利时设计的根特歌剧院也是建立了两套自成体系的空间系统——音响场所与都市景观场所，然后通过两者的互动形成特定的空间体系。空间秩序的交互作用使建筑可以同时应对 XYZ 三个纬度上的不同挑战，从而进行立体化的全方位探索；并且产生更加多样变化的空间构成，呈现出一种建立在简单关系之上的丰富空间效果。

3.4 空间套匣

当空间尺度存在明显差异时，小空间可以完全嵌套在大空间的内部，剖面上呈现出前景与背景的图底关系。它们维持各自的形体特征，可以同形或异形，并随着形体组合的差异而呈现出不同形态的空隙。空隙作为两者嵌套的剩余空间，表现出整体均质的特点。同作为包含在建筑内部的子空间，空间核和空隙承担着不同的作用，在不同的情况下都可以成为空间组织的主角。

3.4.1 由内而外的空间辐射

空间之间的套匣关系，意味着可以摆脱建筑形体对内部空间造型的强烈限制，内部空间可以在外部环境限定建筑造型的情况下进行二次再造。这增加了受边缘性质影响的空间范围，使建筑内部空间的均好性得到加强。嵌套在内的空间核形成了建筑中的趣味中心，并通过与周边空隙的相互作用实现其统率和辐射。

在法国国家图书馆的竞赛中，库哈斯通过功能分析，认为图书馆的书库部分作为储藏空间，可以适应任意的形状，而供人们活动使用的其他功能空间如阅览大厅、视听室等则需要特定的空间形状（图 3-17）。根据这个特点，库哈斯在一个方盒子的形体里面嵌套了十字形、螺旋形、卵形等一些特色突出的形体，形体之间的剩余空间则满布匀质的书库（图 3-18）。这些异形的空间核实质上是对公共场所的重新整合。它相比集中的大空间而言具有更灵活的适应性，在空间与人类活动之间建立起更直接的关联，能够更有效地发挥空间核的触媒作用。分散的公共空间核有各自的功能安排，互不相属，通过调整自身的限定状况和活动计划实现与空隙的相互作用。空间核的结构逻辑自成体系，独立于建筑的表皮与传统的结构体系之外，甚至脱离地心引力的作用。九部电梯以一定的间隔贯穿整个藏

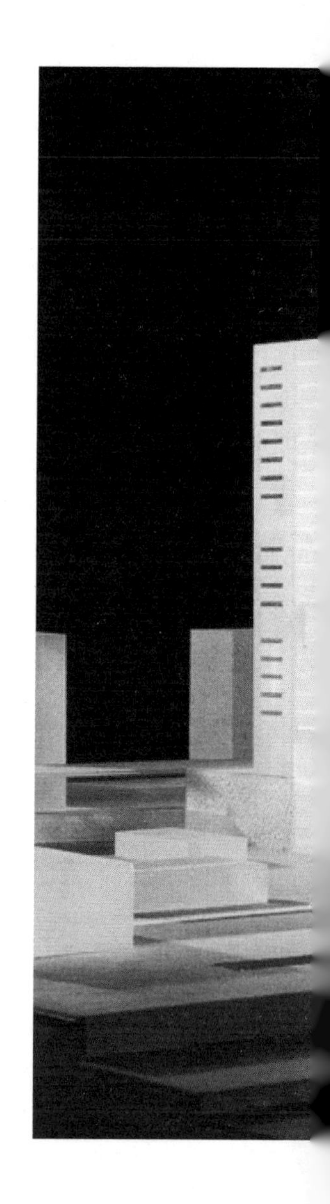

*图 3-17　法国国家图书馆概念模型及模型照片，Rem Koolhaas

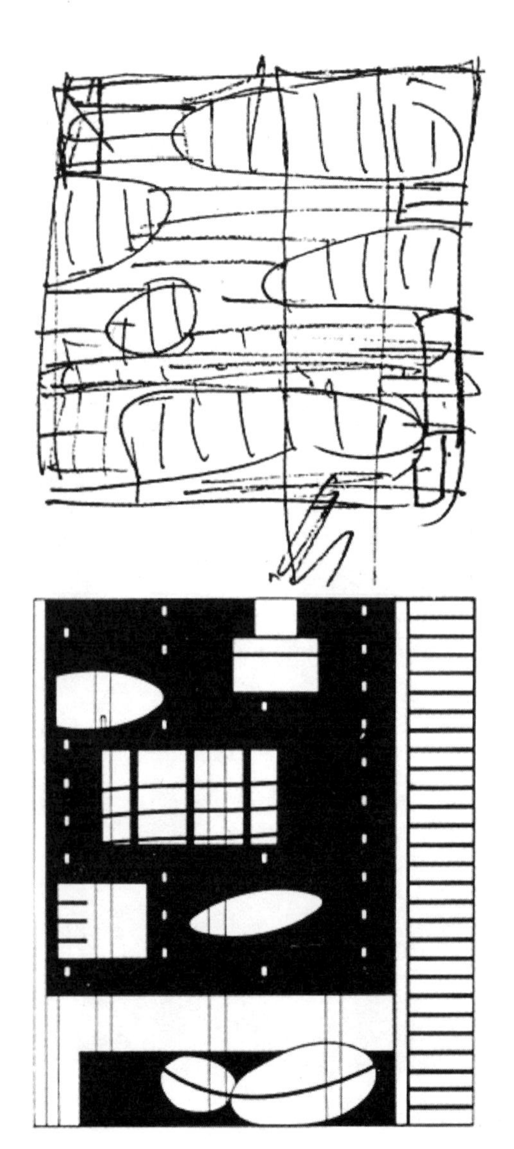

＊图 3-18　法国国家图书馆概念草图（上）及剖面图底关系（下），Rem Koolhaas。盒子书库与异型公共空间的嵌套关系

书库的内部，通过规整、严谨的秩序将整栋图书馆内自由、随意的形体构成连贯起来（图 3-19）。透过建筑半透明的界面，内部均匀的书库背景下不同形状的形体与人的活动清晰可见，使表皮后面的空间和形式成为建筑形象和建筑标识性的主体。

通过对建筑内部空间进行三向维度的嵌套，使得在建筑中容纳多种形式和功能几乎毫不相干的空间单元成为可能。空间核之间呈现出非连续的跳跃性，体现出灵活的丰富性。它们是建筑内部活动的触点，通过自身活力的释放来激发空间之间的相互作用以达到期望的空间效果。

*图 3-19　法国国家图书馆轴测图（左），平面叠加图（中），剖面叠加图（右），Rem Koolhaas

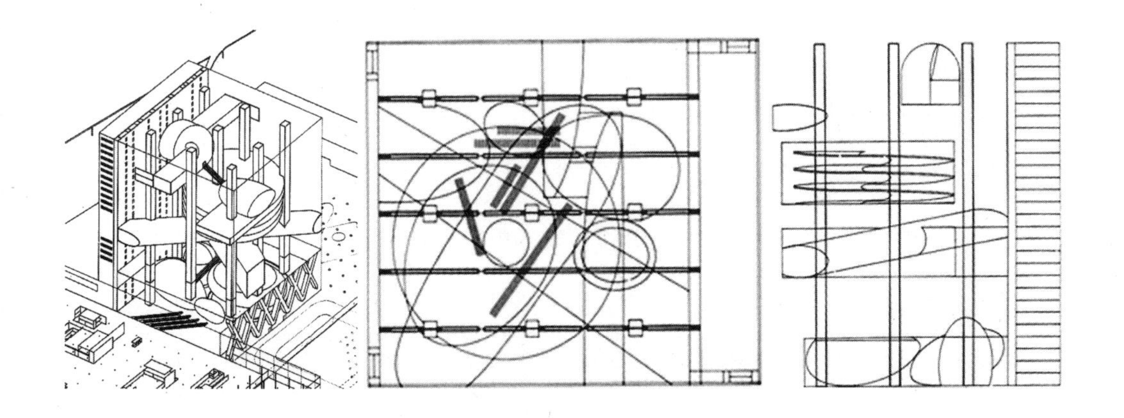

3.4.2 由外而内的空间包被

以空间核为主体对建筑内部空间的组织是由内而外进行的，而从空隙对空间核的包被入手则是由外而内的设计策略。相对空间核自成体系的独立状态，空隙具有更强的包容性与渗透性，可以根据空间核及外部环境的功能需求和形体特征进行自我调适。作为内外联系的中介，它既具备实用功能，又富于生活的情趣演绎，因而其设计形式千变万化。

在西班牙巴伦西亚近代艺术馆扩建工程中，妹岛和世与西泽立卫用一个立方体形状的白色罩子将原有建筑覆盖起来，巧妙解决了建筑与自然气候和城市环境的关系（图3-20）。巴伦西亚炎热的气候与强烈的日照是美术馆面临的首要问题，位于历史街区边缘的特殊地理位置也对建筑如何与新旧环境同时和谐共存提出了挑战。妹岛和世与西泽立卫采用穿孔金属板罩子作为沙漏来过滤炎日和飓风。进入沙漏与原有建筑之间的空隙之后，阳光和通风都已经变得非常柔和。既保护了人群和室外展品免受风吹日晒，又保证了充足的光线。这个沙漏依靠一大片限定在巨大尺度的室内空间的纤细柱子得以支撑，营造出一个近似禅意

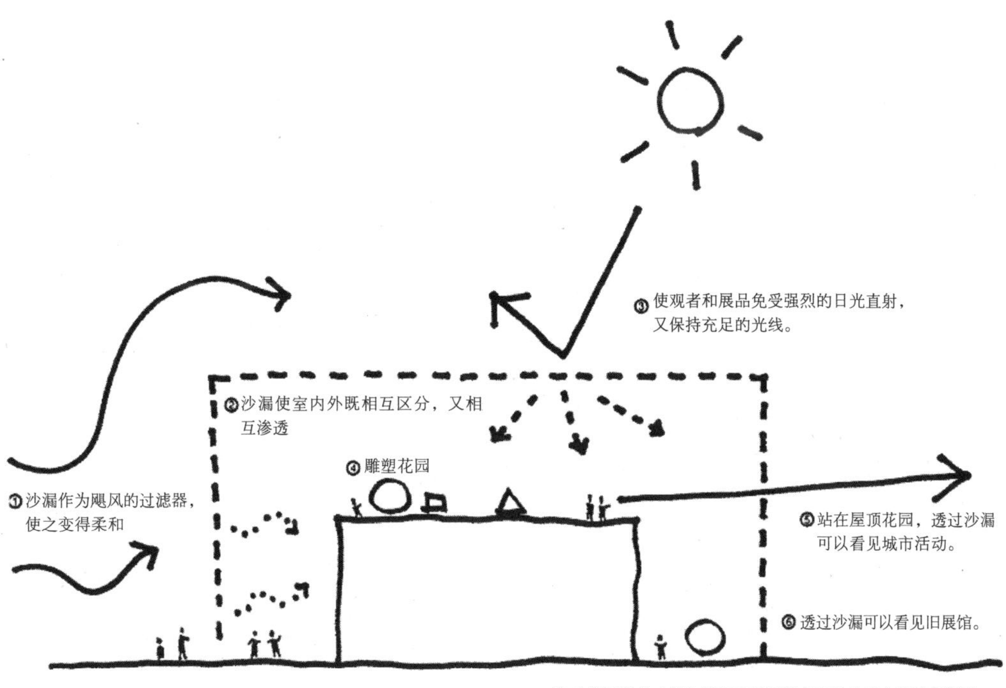

*图 3-20　西班牙巴伦西亚近代艺术馆扩建工程概念草图，SANAA

的纯粹空间（图 3-21）。原有建筑的屋顶经改造后设置了雕塑花园，透过穿孔金属板可以看见城市风景；在街道上行走的人们也可以透过这层沙漏看到旧的艺术馆，并且可以自由进入到沙漏与原有建筑之间的空隙开展活动。这实现了艺术馆和城市空间的互动，使艺术馆真正融入城市之中。

空隙作为室外与空间核的过渡与对接部分，具有灰空间的属性，但是它比灰空间具有更多的自主性。它不是附属于建筑内部空间存在，而是其不可分割的一部分甚至占据主导地位。它可以控制整个建筑的形体和功能安排，调和建筑内外各空间的矛盾，使它们之间的关系趋于协调。

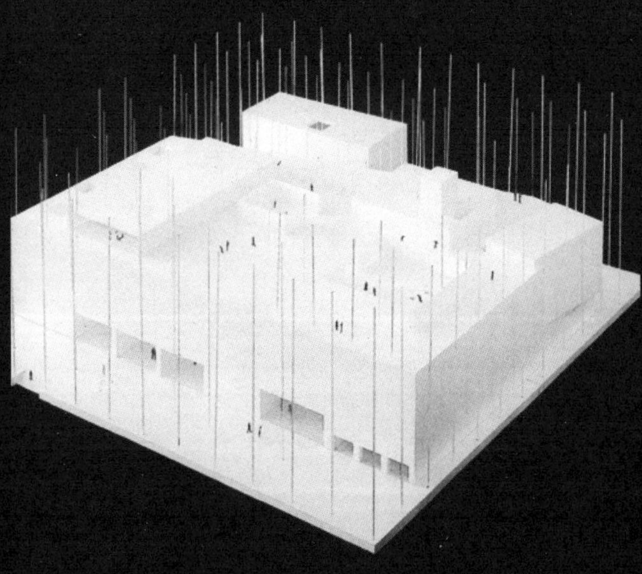

*图 3-21　西班牙巴伦西亚近代艺术馆扩建工程，SANAA。支撑沙漏的纤细柱子

第四章

空间场景的剖面策略

4

尽管建筑在发展过程中历经多种形式的变化，但是建筑作为人类庇护所的功能却从来不曾改变。人是空间中活动的主体，空间是为人提供活动的容器。空间作为建筑的产品，不仅满足了人的生存需求，也赋予了精神方面的意义。人总是生活在空间场景之中，这种场景通过体量、尺度、光线、界面、装饰、色彩等表现出来，人通过与建筑的相对关系产生特定的空间感受。剖面作为空间的垂直切片，可以看作这种感知过程的一个单元场景，类似于电影中的一帧静止画面，通过在与剖面对应的第三维度方向的延续实现人对空间的连续性感知。本章主要关注如何通过剖面操作有意识地创造这样的场景，丰富人在其中的体验。

4.1 光的场景模式

光是自然界中特殊的“无形之物”。它的神奇和伟大之处在于光本身是看不见摸不着的，但我们又无时无刻不感受到它的存在。这种弥散的特征与空间本质具有很大的相似性，因此许多建筑师把光作为一种特殊的空间场景要素，利用光与空间的双重性来把握建筑。光的不同入射方式，光产生的阴与影，光的透射、折射和反射，以及光的透明、半透明、不透明的状态结合在一起，对空间进行了定义和再定义[13]。通过对光的亮度差异、穿越路径、投射位置等的调整使空间场景产生变化，在人的感觉和实存之间建立一种暂时性的关联，从而实现对空间场景的限定、连接和创造。

4.1.1 对角贯通

在德国馆的设计中，密斯在平面上将空间沿对角线方向连续排列，引发了内部空间中心性的瓦解，从而走向均质性聚集的水平板式空间。他同时在矩形空间的对角线方向上布置趣味焦点，如雕像、入口等，从而在视觉上形成对后续线索的暗示，使视觉空间最大化（图 4-1）。通过对视，建筑东西两侧的外部空间也沿着对角方向联系在一

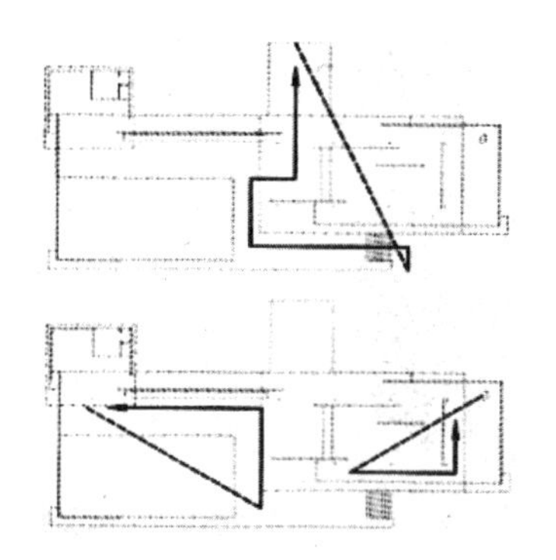

*图 4-1 巴塞罗那德国馆平面中的视线对角关系

起。建筑平面中穿行的是人，剖面中穿行的是光[14]。如果说平面的工作能把握住建筑的流线、功能和空间布局等内容的话，那么在对剖面的推敲工作中试图把握的则是光与空间的精确关系。

阿尔伯托·坎波·巴埃萨经常将窗比喻成光的陷阱。掉入天窗陷阱的光线集合成束，顺着建筑师在建筑实体中挖掘出来的光的通道，旅途受到各种拦截，穿越一个个空间，最后穿越到建筑的另一头，从尽端的窗口逃逸出去。在他设计的达拉哥公共学校中，一个三层高的入口大厅统领整座建筑。在这个大厅中一共有六个开口，每个开口都担负着不同的责任（图 4-2）。在地面高度上的两个开口中，其中一个通往被刻意压低的门斗，另外一个与底层的其他功能相接。大厅上方有两个开口，一个是天窗，另外一个与三层走廊连通着。天窗是大厅的主要光源，光线从这个窗子照射进来，再通过其下的实墙漫射进大厅。与三楼走廊连着的洞口看上去是供大厅和楼层间对望用的，实际上它是巴埃萨为光沿对角线穿越大厅留出的通道。他在三楼走廊的屋顶上设置了一个天窗，从这个天窗进来的光穿过那个开口，斜着射进大厅，完成其在这个空间中的对角线

*图 4-2　达拉哥公共学校的入口大厅，Alberto Campo Baeza

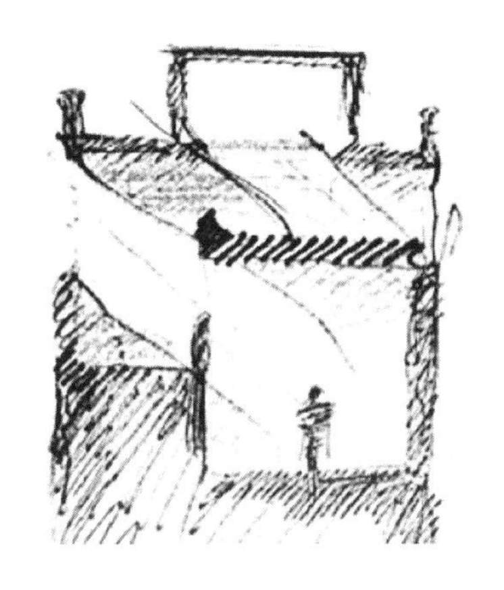

＊图 4-3　光的路径，Alberto Campo Baeza

＊图 4-4　格拉纳达银行总部，Alberto Campo Baeza

旅程。光在建筑中的旅程形成一个沿对角方向连续穿越整个建筑的斜向光井，被光线穿越的空间也是沿对角线方向贯穿起来的（图 4-3）。在他的另一个作品格拉纳达银行总部中，来自天窗的光线也是沿对角线打在内庭的雪花石膏面上，再被漫射到整个内庭中（图 4-4）。

光在剖面中的对角贯通可以把视觉或交通流线上彼此割裂的空间连接起来，强化人对空间联系的感知。相比垂直照射的光线，对角贯通的模式可以形成更加微妙的光影变化，使人更清楚地感受到光在强度、方向、色彩上的变化，从而把空间的三维属性、富有美感的特征以及相互间的关系更加清晰地展现出来。

4.1.2 见光不见灯

所有的建筑都是针对一个固定的光源——太阳进行设计，如何利用这个固定光源是建筑设计的一个重要技巧。光源与建筑的这种关系意味着光总是从外部射入空间。实验表明，人与光源不在同一空间的模式相比人与光源在同一空间的模式而言，其空间感更强，人的满意度更高[15]。这个现象也验证了室内照明设计应该是“见光不见灯”的模式，因此空间设计时会在剖面上设置遮挡光源的隔断和让光穿越的缝隙。

彼得·卒姆托设计的布雷根茨美术馆以光为主题，为游客展现了一个变化着的光的世界。美术馆四个立面全是半透明的玻璃幕墙，入口层之上的展览层又在里面嵌套了一个完全封闭的混凝土盒子。建筑体量通过层叠的具有反射作用的表皮将光线散射开来，或停留在建筑物的周围，或经折射与反射后进入建筑内部。展厅的采光方式极其独特（图 4–5），那里与外界除了自然光线上的联系，便无任何关系了。室外光线首先射入幕墙与混凝土盒子之间的中空空间，由特殊的采光器将日光进行独特的滤光和双折射；然后通过外皮射入楼板和玻璃吊顶之间 2.5m 高的夹层，

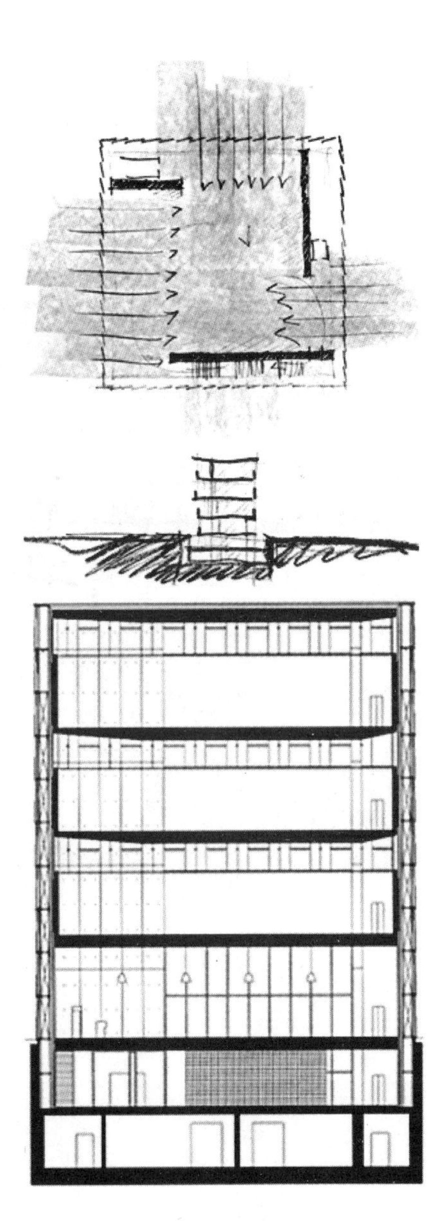

＊图 4–5　布雷根茨美术馆概念草图及剖面，Peter Zumthor。独特的采光方式：光线由室外开始，射入双墙中空空间，再进入吊顶夹层，最后照亮混凝土盒子内封闭的展览空间

＊图 4-6　布雷根茨美术馆展厅玻璃面之上安放技术设施的中空空间，Peter Zumthor

夹层中还隐藏有人工照明和其他管道设备（图 4-6）；经过处理的自然光与人工照明一起再通过展厅的半透明吊顶柔和地漫射进展厅。建筑因独特的采光方式得到了近乎自然的空间环境（图 4-7）：展厅内的光线并不始终如一，四周往往比中心区更明亮一些；室内环境随着时间与天气的变化而变化，因此可以在室内感受到外界环境的变更。

与卒姆托的方正空间与矩形墙面相比，不规则的空间以及墙面、顶面的交错也有助于"见光不见灯"模式的实现。西扎在加利西亚艺术中心的设计中，使建筑的墙、楼板在结构间穿梭，随着界面的穿插错落形成不同的缝隙。光从缝隙中射入，形成黑、白、灰各种层次且极具动态的亮度空间（图 4-8）。在这样的建筑里，我们可能根本找不到光源的位置，甚至无法判断光到底是来源于自然光还是人工照明。

＊图 4-7　布雷根茨美术馆展厅内景，Peter Zumthor

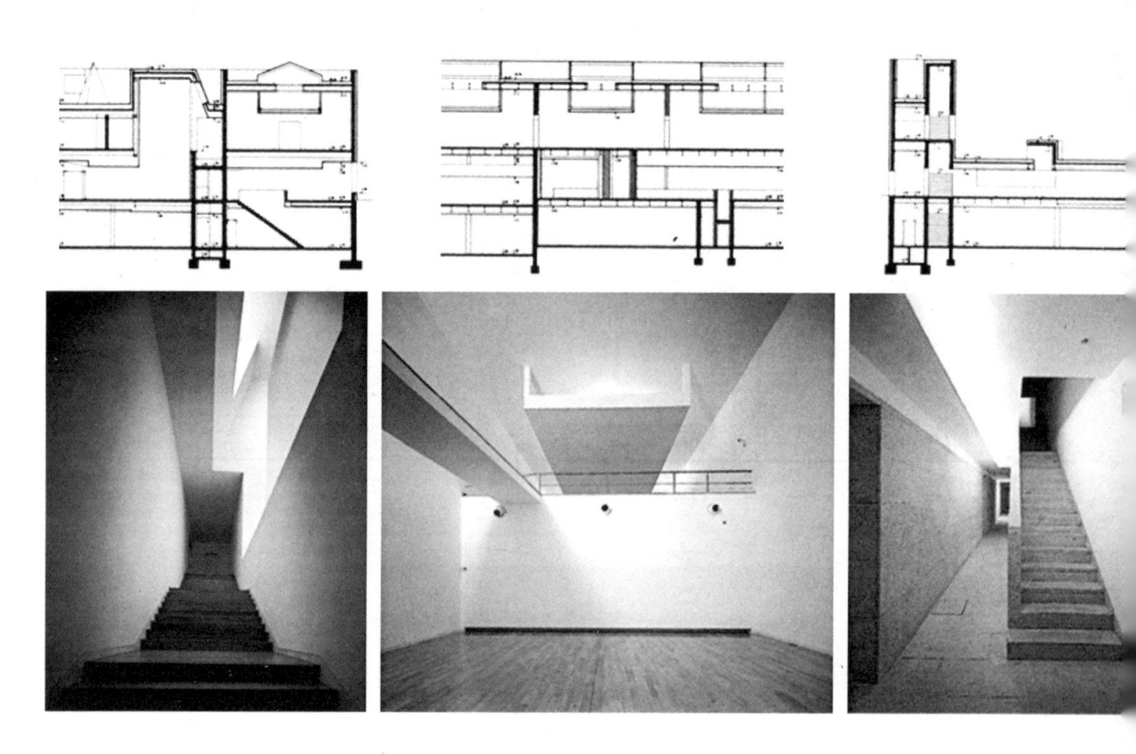

*图 4-8　加利西亚艺术中心剖面及室内，Alvaro Siza。利用界面的穿插错落形成光照间隙

4.2　基于知觉的剖面修正

空间的设计过程受到各种因素的影响，它们促成不同形式的空间效果。在这些因素中，知觉是人向世界开放的第一个器官，也是世界向人进入的第一道关口。不同的建筑可以有不同的知觉特征，知觉的建筑空间致力于给人以整体的空间观感和切身的空间体验。建筑创造最直接也是最根本的含义，就是通过对物质形式的安排而获得某种有目的的空间，从而构成对人的生活有意义的场所。要想创造宜人的知觉空间，必须在设计的过程中根据知觉需求不断地对空间进行调试和修正。

4.2.1　强透视与反透视原则

在透视图中，根据“近大远小”的视觉规律，形体上的平行线汇聚在视平线上的灭点处，形状相同而大小不同的物体暗示着强烈的消失感。如果在剖面设计时就有意识地考虑人的视觉习惯，根据需要巧妙地加强或减弱透视效果，可以使三维空间的创作突破人的视觉惯性，产生夸张的视觉体验。这种效果就像朗香教堂墙面上小而深的锥形洞口，由于室内外开口尺寸及侧面倾斜角度的差异，营造出不同的透视效果，显示出不同的深度感。

斯蒂文·霍尔在设计过程中偏好以透视的形式来推敲空间效果，由此形成的二维剖面就像一个取景框，呈现出空间中许多三维的特点。在芬兰赫尔辛基当代艺术博物馆中，弧形展开的空间序列让人感受到一系列连续的视角变换，这些正是在典型的单向或二维正交展开的空间布置中体验不到的。所有的展厅都与一堵弯曲的墙构成一定角度，而这些展厅的意义就是为当代艺术展览提供一种静止的但却带有戏剧性的背景。展厅之间的通道不是沿轴向，而是以斜向的、之字形的轨迹，或紧贴弯曲的墙面展开。例如，一条缓坡沿着中庭东侧的弧形墙缓缓爬升，直至上层的天桥处，从那里可以通向各个展厅（图 4-9）；多样化的电梯、楼梯、坡道连接不同层高的展厅，在艺术馆内组合出多种可能的行进线路，参观流线总是不断地回到可作定位的中庭。该建筑在空间处理时利用弧形与非规则布局强化了“近大远小”的透视原理，并夸大了这一特征，由此突出了视线的焦点并形成多变的场景。

当我们在建筑中穿行时，会发现摄影图片的表达完全不足以展示内部空间。这是因为其空间布局不是单视点的，而是随着人的视点移动呈现出不同的场景。这种方法把人

*图 4-9　芬兰赫尔辛基当代艺术博物馆，Steven Holl。沿着弧墙缓慢上升的坡道

的内在体验和视觉冲击交织成一个系统，表现出一种全新的视觉冲击力，创造出变换的空间效果。

4.2.2 与行为方式的互指关系

人的行为方式并不是同一不变的，而是随空间的功能要求、使用方式等呈现不同的特点。因此，为人的活动提供场所的建筑空间也需要为使用者和环境提供新的参照，回应并解决它所面对的特殊问题。建筑师必须避免把不同的行为装入许多相同的方盒子或一连串规则的棱柱体中去，而应该研究人的行为机能，提供契合的空间形式来满足人与空间日益重要的沟通和互动。

UN Studio 设计的莫比乌斯住宅，其关注点就是人在空间中的行为方式（图 4-10）。业主夫妇都是 SOHO 族，他们希望体验一种既相互独立又和谐统一的全新生活方式。UN Studio 以一天中人的活动、位移为主线，将拓扑几何中的莫比乌斯圈作为设计的构思图式，沿两条相互缠绕的路径形成了一个双重内锁的环面（图 4-11，图 4-12）。这种内锁转换的关系演化成两个人的生活：他们有时候在一起，有时候又分开独立活动；当他们在特定时间相聚就因此产生了公共空间，而它们分开的时候又可能变换了彼

*图 4-10 莫比乌斯住宅，UN Studio

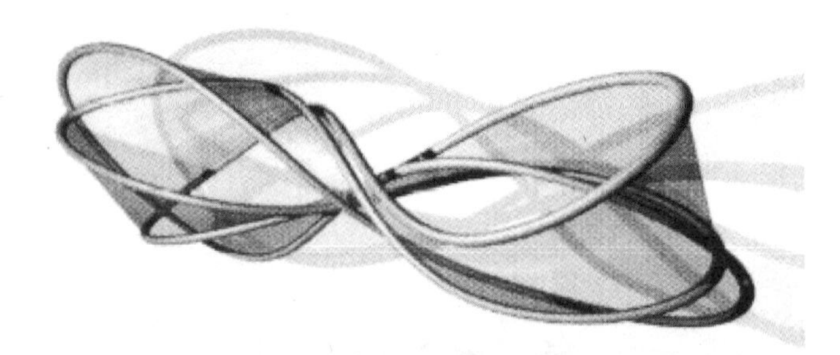

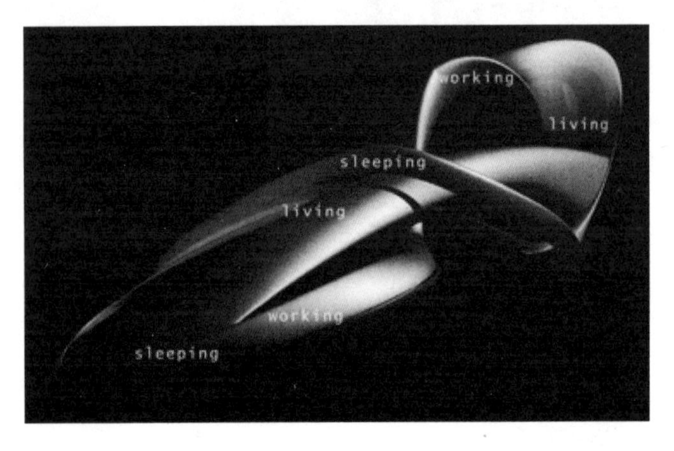

＊图 4–11　莫比乌斯住宅概念模型，UN Studio。以人的活动路径为主线构筑相互缠绕的双重内锁空间

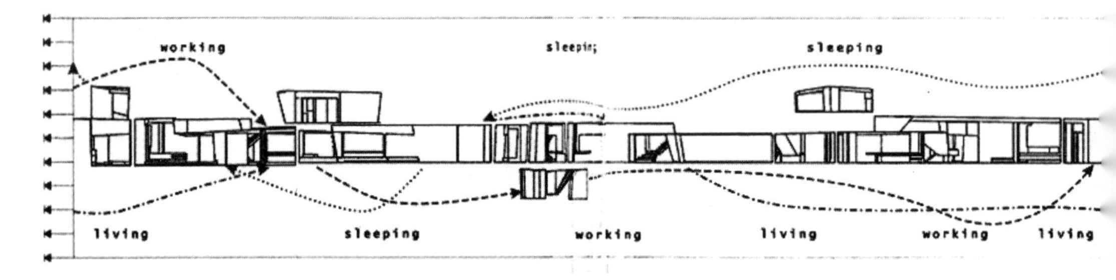

＊图 4–12　莫比乌斯住宅的剖面展开图，UN Studio

此的角色。构成这种关键扭转点的是住宅中的楼梯，这个垂直交通枢纽把上层的卧室和下层的主生活区扭转了轴线方向，并形成一种无限延展的连贯性。莫比乌斯圈交错环绕的原则同样体现在玻璃、混凝土这两种主要材料的非常规运用上（图 4-13）。传统意义分工明确的玻璃、混凝土概念被颠覆，两者职能变得含糊不清：大片的玻璃面有时会插入作为结构的混凝土当中；混凝土浇筑的家具——桌子、浴缸、脸盆等，像是从地面冒出来似的；隔墙采用全透明的玻璃面。莫比乌斯圈的构思不但呈现为建筑物质层面上螺旋交缠的形式，而且结合其间的生活方式提供了由生活与工作、公共与私密紧密交织的连续体验，构成了一个无穷无尽的循环往复的日常休息、工作学习、生活娱乐空间。

空间在任何情况下都不可能是一个抽象普适观念的自主产物。人们在空间中生活，受其影响；反过来，也对空间有所作用。这就需要我们在设计中建立起空间与人的对应关系，跳出规整的几何形限制，与不同的行为需求相适应来建立不同的剖面片断，并在物化过程的各个层面将观念不遗余力地具体化。

*图 4-13　莫比乌斯住宅室内，UN Studio

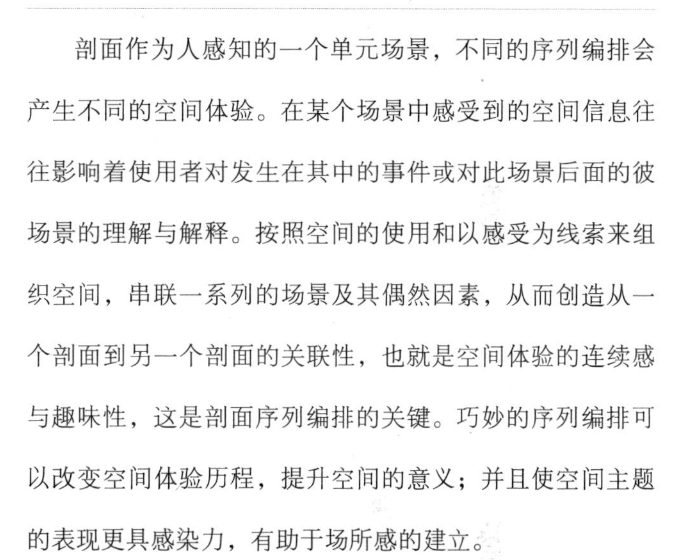

4.3 剖面片段的序列编排

剖面作为人感知的一个单元场景，不同的序列编排会产生不同的空间体验。在某个场景中感受到的空间信息往往影响着使用者对发生在其中的事件或对此场景后面的彼场景的理解与解释。按照空间的使用和以感受为线索来组织空间，串联一系列的场景及其偶然因素，从而创造从一个剖面到另一个剖面的关联性，也就是空间体验的连续感与趣味性，这是剖面序列编排的关键。巧妙的序列编排可以改变空间体验历程，提升空间的意义；并且使空间主题的表现更具感染力，有助于场所感的建立。

4.3.1 渐变式

建筑中的空间序列来源于事件、功能计划和空间之间的关联，是基于功能、活动的需要来设置的。人在建筑中的很多活动内容都有先后主次之分，因此单元场景也需要有序地排列在恰当的位置上，才能够让空间体验形成一个前后相继的知觉整体。通过形象的相似性或变化的连续性在剖面变换中设置先兆、逐渐消退，能够使人们对后续体验产生预期，做好心理上的准备。

屈米在雅典设计的新卫城博物馆，利用空间序列的编

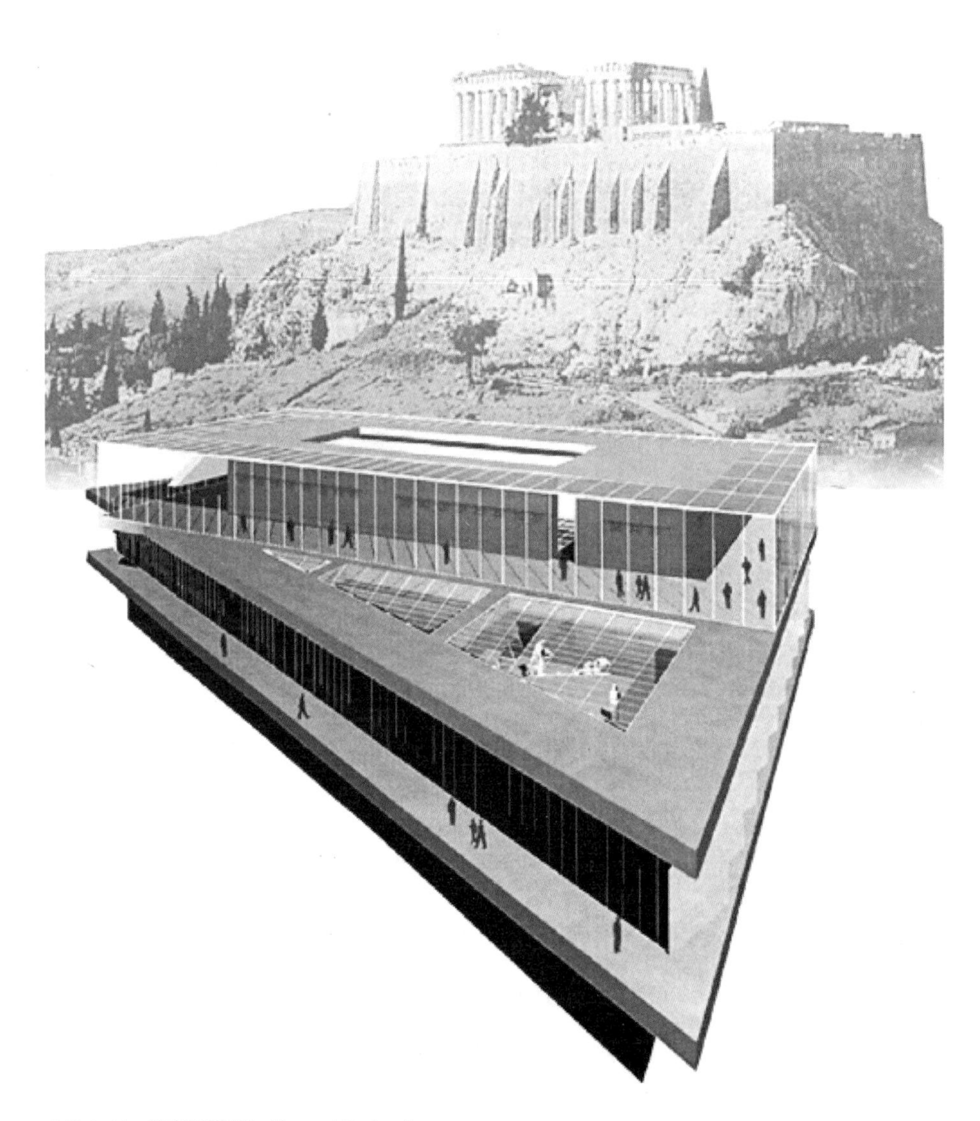

＊图 4-14　新卫城博物馆，Bernard Tschumi

排巧妙化解了人文历史、地理气候、功能事件等诸多非同寻常的限制条件，并将其转为建筑设计的契机。新卫城博物馆位于雅典卫城脚下，离帕提农神庙约 300m 远。它是一个由矩形和梯形体叠加的三层体量，分别使用混凝土、大理石和玻璃，用现代的材料和形式来展示古老城市的符号（图 4–14）。顶层的帕提农美术馆和神庙相望，历史和今天在这里实现了链接。新卫城博物馆的入口存在着一个考古遗址，因此整个建筑通过 100 多根水泥柱网的支撑悬浮在考古遗址的上方（图 4–15）。为了强化这片遗址贯穿整座博物馆的重要性，遗址上方区域的位置从底楼到三楼全都使用玻璃。博物馆的参观路线是螺旋形缠绕的，它暗示了古希腊人到卫城朝拜时，会绕着山体一周再盘旋而上的仪式过程（图 4–16）。进入博物馆的核心区域，文物沿着一片 15 度的微斜坡排列安置，这是因为雅典卫城就是坐落在山上的，博物馆要最大限度地还原雅典卫城的环境（图 4–17）。在顶层帕提农美术馆的中央安排了一个采光中庭，它的流线和 300m 外的帕提农神庙非常相似，都围绕着一个中心来组织，光庭和展厅四周的玻璃也给以卫城为背景的雕塑展品提供了良好的自然光线（图 4–18）。屈米把精

*图 4-15　新卫城博物馆下方的考古遗址

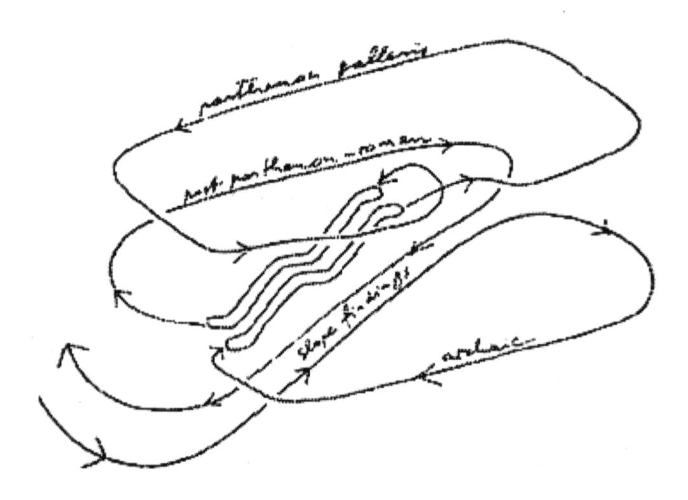

*图 4-16　新卫城博物馆参观流线示意图，Bernard Tschumi

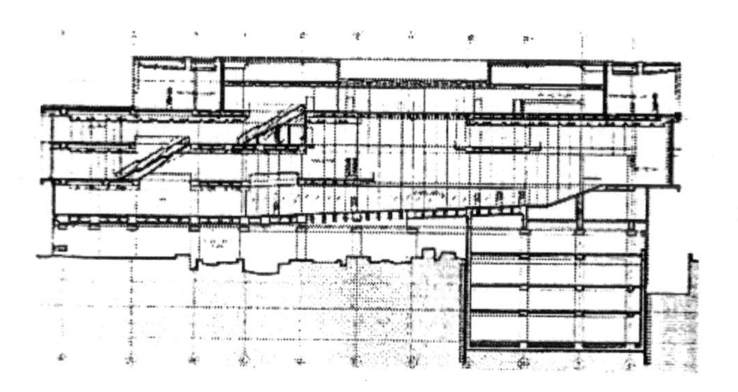

*图 4-17　新卫城博物馆长轴方向剖面图，Bernard Tschumi

*图 4-18　新卫城博物馆顶层的帕提农美术馆，Bernard Tschumi

心编排过的事件在建筑中一一展开，并把城市文化、自然环境作为所发生事件的场景，整个建筑的场景设置都与空间主题相呼应，从而营造空间体验的连续性。

通过序列与线索的编排能够在剖面片段之间建立起种种暗示，使人的体验形成一个活动起来的知觉整体，这一知觉整体的活动性又因各个片断的互相重叠而得到大大加强。它引导人们自觉地沿空间序列进行运动和观赏，空间的连续性和时间的有序性在行进中也易于被人们所体验。

4.3.2 跳跃式

在空间运动的路径中加入连续的异质事件，或者使前后相连的空间剖面呈现出明显的差异性与戏剧变化，能够在使用者的心理上产生期望和现实之间的微妙差别，从而带来更丰富、更清晰的空间体验。这种操作的关键是把握每个空间剖面的特性，巧妙地将这些特性与活动事件、空间意义相结合并且编排到空间序列中去。

库哈斯设计的荷兰驻柏林大使馆中，一条盘旋曲折的步行通道串联起了建筑内部的不同区域，并且穿插引入了外部城市景观，重组了整个建筑的体验过程（图 4-19）。具体的功能空间占据了通道从建筑体量中凿出后的剩余区

＊图 4-19　荷兰驻德国使馆概念模型，Rem Koolhaas

域，它们都从属于这条漫步通道，是空间中的配角。而这条通道则成为建筑的中心空间，促进了馆内交流和访问者对使馆的相互了解。从入口开始，通道就被视作外部入口空间的延续，它引导人们经过图书馆、会议室、健身区和餐厅，在建筑内部往返迂回上升，最后到达屋顶平台（图 4-20）。在此过程中，通道与建筑中的主要功能空间基本上是相对隔离的，仅在局部区域采用了增加神秘色彩的半透明彩色玻璃。但是当部分通道转到建筑外围时，它面向外部景观全部展开（图 4-21）；还有部分通道贯穿了建筑物，

*图 4-20　荷兰驻德国使馆通道内景

＊图 4-21　荷兰驻德国使馆内通道面向外部景观的部位

成为“对角线状的空白”，与室外景色形成“借景”与“对景”的关系（图 4-22）。这条步行通道与室内大部分空间建立了一种相断开的关系，却向外部景观展示了一种开放性。它调动了周围所有可用的视觉资源，将其片段戏剧性地展现在行进过程中。实体的缺场与虚空的存在相互交织，形成了室内外空间场景的节奏性间隔与转换，给来访者带来震撼的空间体验。

异质感空间剖面的不断切换，勾勒出了事件功能的变化与进程，并建构起时间与空间定向，从而建立了一种难忘的场所感与秩序感。这种跳跃式的空间序列在空间体验中营造出种种动态变化和心理效果、加强了体验的趣味性、强化了空间场景的感染力与空间体验的情感性，从而在不同使用者之间引发了对于空间含义的不同理解，使各自拥有自己的体验故事。

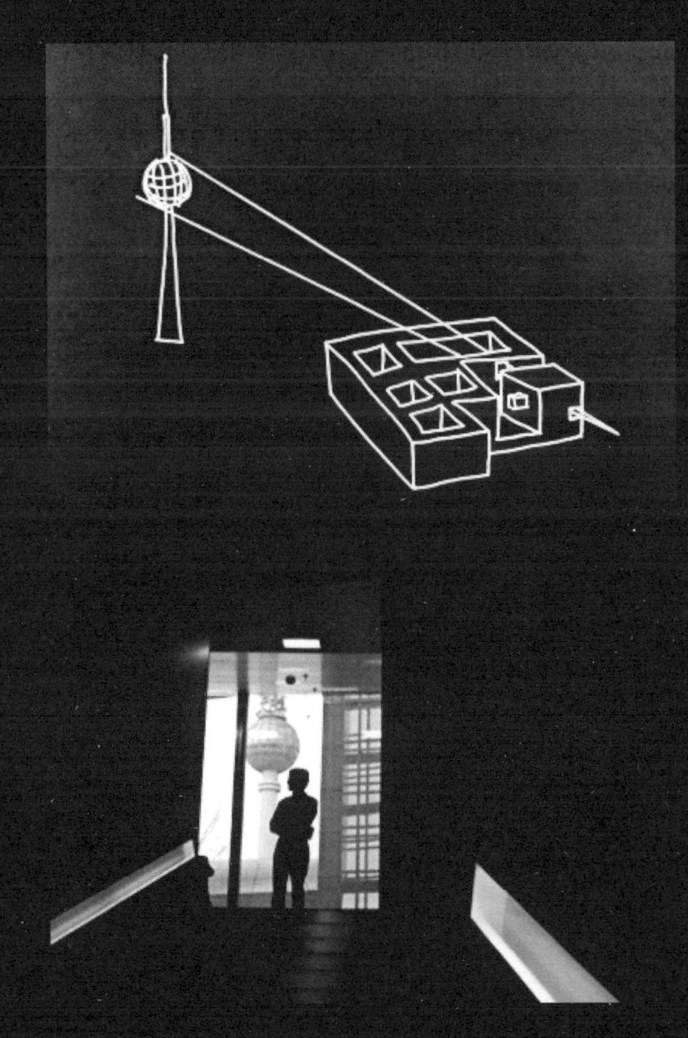

*图 4-22、通道与周边环境的“借景”与“对景”关系

结　语　>>>>

图解与设计的双向互逆关系

传统意义上的平面或剖面是对整个建筑进行水平或垂直剖切后，将其内部空间正交投射在一个假想的面上，以一系列二维图像在一定比例之下准确记录建筑的空间尺寸。它们更多的是作为结果和技术性的表达，呈现出来的空间是相互独立并缺乏逻辑性的，无从表达人们在建筑内部的真实活动。

而作为一种设计方法，平面和剖面不仅具有可精确度量的特性，而且还具有图解的性质。它们可以作为设计的一种研究工具出现，并进一步发展成为一种设计方法。图解与建筑空间建立起一种双向互逆的关系。一般来说，作为设计的操作程序，设计者先有了一个不是很清晰的观念空间作为先导，然后把图解作为实现观念空间的工具来一步步地明确它。而这个逆向过程，指的是设计者在没有一个先验的观念空间的前提下，通过图解操作可以得到一个预先不知道的空间。

平面和剖面的图解类型除了常见的正视图外，还发展出了新的类型和手段上的变化。正视图可以与轴测图以及透视图结合，在二维的基础上加入水平纬度，表现三维空间。也可以将不同切面的相同性质进行部分或全部叠加，弥补单个切面图信息的片段性和不完整性，建立相关的空间联系。还可以将不同的作图手段、不同比例、不同纬度的图形碎片进行拼贴组合，在图面上完成解构建筑和重构建筑的过程。

重力作用下的各向同性

现代主义运动初期，荷兰风格派将方盒子般的建筑空间分解为六个方向的壁板，其中一个重要的目的就是通过将不同方向的空间界面抽象为存在形态相似的“面”，使建筑空间不同方向的界面相对匀质化、同一化。而工业革命后诞生在芝加哥的摩天楼，实现了人类长久以来向高空发展的梦想，它依靠垂直升降的电梯间，以机械方式保证了人可以在空间的各个方向自如运动。

在当代，关于建筑空间的探讨早已突破了荷兰风格派对直线和平面的关注，建筑空间不同方向的界面在形态上都有巨大的可选择性。空间的竖向联系也不再局限于封闭的电梯间，而是与功能计划、生态景观、运动模式等要素相结合呈现出全方位的立体发展。剖面策略使建筑空间不同方向的界面以及不同方向的连接重新获得同一性，也就是获得相等或相近的设计自由度的可能性。

然而，空间作为一个客观存在，是由许多重要的物质事实所支撑的。在这些事实之中，太阳、月亮及天气条件的作用，甚至各种物体和力，都可以决定我们所经验的特定空间结构。它们把我们的空间环境控制为一个严格的整体，以至于我们潜意识中会把它们视为空间的客观属性。因此，依靠技术手段虽然可以实现空间在物质层面的各向同性，但是却无法从根本上改变人类在知觉上的差异性。这也是平面策略与剖面策略的本质差异。

剖面作为独立设计方法的局限性

平面和剖面本质上是一样的，都只表达了整个建筑的局部信息。当建筑空间组织在某一个或两个纬度的特征比第三个纬度的特征越强，沿特征明显的纬度的切面所表达的信息量就越大，它在建筑中的支配地位也越强，但是却永远不可能取代第三个纬度。对于那些空间特征倾向性不明显的建筑，平面策略与剖面策略的运用必须相互结合进行，它们都必须借助于第三纬度的介入才能完成对建筑空间的客观描述。因此独立的平面策略或剖面策略只有在空间特征倾向性明显的建筑中才能凸显其优势。

另一方面，任何一个切面都只代表了与它垂直的二维面 360° 范围内无数基本相等的切面中的一个。只有当观察者能够想象出该切面所表达的纬度与其他纬度的关系，并且知道这个切面在所有其他可能切面中的位置及这个切面的作用时，他才能了解这个切面所表达的信息，切面对他才有意义。对于那些整体形式不容易被观察以及不能由惯例决定的建筑物，其空间结构不能被活动在其中的人预先感知，因此这类建筑的平面或剖面与空间之间无法建立双向互逆的关系，而只能作为空间生成后的辅助表达。

参数化设计中剖面的解放

相对于以“原子”创造的实体空间而言，以流动的“比特”为技术支撑的参数化设计突破了传统建筑空间的具体形式，但却承担了与传统建筑空间相似的功能作用，并给人以同等的心理感受。

随着技术的进步及其在建筑中的运用，建筑师不必受制于传统的建筑结构或空间概念，而可以模拟任何的空间形态，进行多维空间的任意组合，展现非几何学范畴的物体联系。这使得空间设计可以游离于物理规律之外，尤其使空间剖面的推敲可以摆脱重力学原理的束缚，表现为各种虚拟的、反重力学的、可以进入的形式。建筑师还可以通过控制参数来自由定义环境及建筑的所有物体属性，通过调节环境要素来改变虚拟环境，使空间的创作不必考虑客观环境的制约，不会因为自然环境、自然灾害和岁月更迭而朽损消失，充分实现设计的自主性。在计算机技术的帮助下，建筑师可以任意设定空间界域，假定空间观察者的行进路径，动态修改空间剖面，营造变幻的空间场景，让观察者畅游在传统空间中不可能出现的氛围里。这类空间可以没有固定的生成逻辑，它不必先于人的体验存在，而可以随着人们对它的探索而产生，这使剖面不再局限于一个场景，而是体验的一个瞬间。

参数化设计的出现，全面颠覆了传统的空间理念和现有的场所意义。只要设计者突破传统思维习惯，天马行空式的空间可以在参数化设计中畅通无阻，这也为剖面空间的解放提供了各种可行性。

参考文献 >>>>

[1] 彼得·埃森曼著，范凌译，王飞校.《现代主义的角度——多米诺住宅和自我指涉符号》. 时代建筑，2007/6. P107.

[2] 希格弗莱德·吉迪恩著，王锦堂、孙全文译.《空间. 时间. 建筑——一个新传统的成长》. 华中科技大学出版社，2014.

[3] 杨玲，张鸣.《空间运动——剖面构思》. 四川建筑科学研究，2003/9. P124.

[4] 布鲁诺·塞维著，席云平、王虹译.《现代建筑语言》. 北京：中国建筑工业出版社，2005. P31-32.

[5] 王昀.《关于空间维度转换和投射问题的几点思考》. 建筑师，2003/5. P42-48.

[6] 彼得·柯林斯著，英若聪译.《现代建筑设计思想的演变》. 北京：中国建筑工业出版社，2003. P292.

[7] 孟宪川.《试论仙台媒体中心建筑师与结构师的合作》. 建筑师，2008/2. P59.

[8] 鲁道夫·阿恩海姆著，宁海林译.《建筑形式的视觉动力》. 北京：中国建筑工业出版社，2006. P21.

[9] 高天.《当代建筑中折叠的发生与发展》:［硕士学位论文］. 上海：同济大学，2007. P21-23.

[10] 布鲁诺·赛维著，张似赞译.《建筑空间论——如何品评建筑》. 北

京：中国建筑工业出版社，2004. P8.

[11]《Zaha Hadid(1983−1995)》. EL Croquis，Vol 52+73. P25.

[12] 柯林·罗、罗伯特·斯拉茨基著，金秋野、王又佳译.《透明性》. 北京：中国建筑工业出版社，2008. P85.

[13] 刘毅军.《光与空间一体化视觉设计研究初探》:［硕士学位论文］. 泉州：华侨大学，2004. P29.

[14] 王方戟、邓文君.《阿尔伯托·坎波·巴埃萨的三座建筑》. 时代建筑，2005/6. P143.

[15] 常志刚、郭丹.《光与空间的拓扑研究》. 建筑学报，2006/2. P74.

插图来源 > > > >

图0-1：《MVRDV (1991~2003)》.EL Croquis，Vol 86+111. P89.

图0-2：郑时龄、王伟强、沙永杰、林沄编译.《桑丘-玛德丽德霍斯事务所设计作品：1991-2004》. 北京：中国建筑工业出版社，2004. P113.

图0-3：http://www.botta.ch.

图1-1：罗小未、蔡琬英编著.《外国建筑历史图说》. 上海：同济大学出版社，1986. P48.

图1-2：罗小未、蔡琬英编著.《外国建筑历史图说》. 上海：同济大学出版社，1986. P35，P109.

图1-3：王宇摄影.

图1-4：王宇摄影.

图1-5：弗雷格编著，王又佳、金秋野译.《阿尔瓦·阿尔托全集（第2卷·1963-1970年）》. 北京：中国建筑工业出版社，2007. P156.

图1-6：梅涛、秦乐、曹亮功.《Sanaa的转身——比较法视点下劳力士研修中心（rolex learning center）之"变"》. 建筑师，2010/4（04）.

图1-7：克里斯蒂安·诺伯格-舒尔茨著，李路珂、欧阳恬之译，王贵祥校.《西方建筑的意义》. 北京：中国建筑工业出版社，2005. P36.

图1-8：王宇摄影.

图1-9：《Rem Koolhaas (1987-1998)》.EL Croquis，Vol 53+79. P198~199.

图2-1：W·博奥席耶、O·斯通诺霍编著，牛燕芳、程超译.《勒·柯布

西耶作品集（第1卷·1910–1929年）》. 北京：中国建筑工业出版社，2005. P18.

图2–2：沈轶.《站在机器时代与数字时代的交叉口——细读仙台媒体中心》. 新建筑，2005/5. P62.

图2–3：作者绘制.

图2–4：《Toyo Ito (2001–2005)》.EL Croquis，Vol 123. P77，P89.

图2–5：《Kazuyo Sejima (1983~2000) + Ryue Nishizawa (19995~2000)》. EL Croquis，Vol 77+79. P224–225.

图2–6：《Kazuyo Sejima (1983~2000) + Ryue Nishizawa (19995~2000)》. EL Croquis，Vol 77+79. P227.

图2–7：《Kazuyo Sejima (1983~2000) + Ryue Nishizawa (19995~2000)》. EL Croquis，Vol 77+79. P223.

图2–8：王宇摄影.

图2–9：作者编绘.

图2–10：《The Phaidon Atlas of Contemporary World Architecture》.London：Phaidon Press，2004. P145~146.

图2–11：Foreign Office Architects.《Phylogenesis：Foa's Ark Ⅰ》. Barcelona：ACTAR，2004. P243.

图2–12：Foreign Office Architects.《Phylogenesis：Foa's Ark Ⅰ》. Barcelona：ACTAR，2004. P246~247.

图2–13：王宇摄影.

图2–14：《梅德塞斯–奔驰博物馆，斯图加特，德国》. 建筑创作，2006/8. P48~85.

图2–15：《Rem Koolhaas (1987–1998)》.EL Croquis，Vol 53+79. P116~117.

图2–16：《Rem Koolhaas (1987–1998)》.EL Croquis，Vol 53+79. P132~133.

图2–17：《Rem Koolhaas (1987–1998)》.EL Croquis，Vol 53+79. P133.

图2–18：刘涤宇.《表皮作为方法——从四维分解到四维连续》. 建筑师，2004/8. P29.

图2–19：刘涤宇.《表皮作为方法——从四维分解到四维连续》. 建筑师，2004/8. P29.

图2–20：《Toyo Ito (2001–2005)》.EL Croquis，Vol 123. P333~335.

图2–21：《Toyo Ito (2001–2005)》.EL Croquis，Vol 123. P326~327.

图2–22：《Toyo Ito (2001–2005)》.EL Croquis，Vol 123. P327.

图2–23：《Toyo Ito (2001–2005)》.EL Croquis，Vol 123. P333.

图3–1：《德国沃尔夫斯堡PHAENO科学中心》. 新建筑，2006/5. P97.
《沃尔夫斯堡费诺科学中心，沃尔夫斯堡，德国》. 世界建筑，2006/4. P75~77.

图3–2：王宇摄影.

图3–3：郭振江.《德国沃尔夫斯堡费诺科学中心》. 时代建筑，2006/5. P112.

图3–4：作者绘制.

图3–5：《Rem Koolhaas (1987–1998)》.EL Croquis，Vol 53+79. P312~345.

图3–6：《MVRDV (1991~2003)》.EL Croquis，Vol 86+111. P277.

图3–7：http://www.stevenholl.com.

图3–8：http://www.stevenholl.com.

图3–9：《西雅图公共图书馆，西雅图，美国（建设中）》. 世界建筑，2003/2. P80，P82，P85.

图3–10：作者绘制.

图3–11：郑时龄、王伟强、沙永杰、林沄编译.《桑丘–玛德丽德霍斯事务所设计作品：1991–2004》. 北京：中国建筑工业出版社，2004. P66，P68.

图3–12：郑时龄、王伟强、沙永杰、林沄编译.《桑丘–玛德丽德霍斯事务所设计作品：1991–2004》. 北京：中国建筑工业出版社，2004. P66.

图3–13：周晓文、龚恺.《S–M.A.O.建筑中空间的三维叠合》. 建筑师，2008/2. P48.

图3–14：《Herzog & de Meuron (2002–2006)》.EL Croquis，Vol 130. P379.

图3–15：《Herzog & de Meuron (2002–2006)》.EL Croquis，Vol 130. P379.

图3–16：《Herzog & de Meuron (2002–2006)》.EL Croquis，Vol 130. P381.

图3–17：《Rem Koolhaas (1987–1998)》.EL Croquis，Vol 53+79. P71，P75.

图3–18：《Rem Koolhaas (1987–1998)》.EL Croquis，Vol 53+79. P66，P75.

图3–19：《Rem Koolhaas (1987–1998)》.EL Croquis，Vol 53+79. P66，P75.

图3–20：《SANAA (1998~2004)》.EL Croquis，Vol 121+122. P143，P153.

图3–21：《SANAA (1998~2004)》.EL Croquis，Vol 121+122. P143，P153.

图4-1：朱竞翔、王一锋、周超.《空间是怎样炼成的？——巴塞罗那德国馆的再分析》. 建筑师，2003/10. P90.

图4-2：王方戟、邓文君.《阿尔伯托·坎波·巴埃萨的三座建筑》. 时代建筑，2005/6. P144.

图4-3：王方戟、邓文君.《阿尔伯托·坎波·巴埃萨的三座建筑》. 时代建筑，2005/6. P142.

图4-4："光与重力"——阿尔伯托·坎波·巴埃萨中国讲演笔者实录.

图4-5：《布雷根茨美术馆，布雷根茨，奥地利》. 世界建筑，2005/1. P74，P79.

图4-6：《布雷根茨美术馆，布雷根茨，奥地利》. 世界建筑，2005/1. P77.

图4-7：《布雷根茨美术馆，布雷根茨，奥地利》. 世界建筑，2005/1. P77.

图4-8：《Alvaro Siza (1958-2000)》.EL Croquis，Vol 68+69+95. P154，P159，P160.

图4-9：http://www.stevenholl.com.

图4-10：Ben van Berkel、Caroline Bos.《UN Studio：Design Models-Architecture- Urbanism- Infrastructure Ⅰ》.London：Thames & Hudson，2006. P160~163.

图4-11：Ben van Berkel、Caroline Bos.《UN Studio：Design Models-Architecture- Urbanism- Infrastructure Ⅰ》.London：Thames & Hudson，2006. P152.

图4-12：Ben van Berkel、Caroline Bos.《UN Studio：Design Models-Architecture- Urbanism- Infrastructure Ⅰ》.London：Thames & Hudson，2006. P152~153.

图4-13：Ben van Berkel、Caroline Bos.《UN Studio：Design Models-Architecture- Urbanism- Infrastructure Ⅰ》.London：Thames & Hudson，2006. P156~158.

图4-14：http://www.tschumi.com.

图4-15：http://www.tschumi.com.

图4-16：Bernard Tschuni.《Event City 3》. Cambridge：The MIT Press，2004.

图4-17：Bernard Tschuni.《Event City 3》. Cambridge：The MIT Press，2004.

图4-18:《新卫城博物馆，雅典，希腊》. 世界建筑，2004/4. P36.

图4-19:《荷兰驻德国使馆，柏林，德国（建设中）》. 世界建筑，2003/2. P52，P54.

图4-20:《荷兰使馆，克劳斯特大街，柏林，德国》. 世界建筑，2006/8. P56.

图4-21：http://www.oma.eu.

图4-22：http://www.oma.eu.

图书在版编目（CIP）数据

剖面策略 / 刘翠著．—北京：中国建筑工业出版社，2016.9
ISBN 978-7-112-19624-1

Ⅰ. ①剖… Ⅱ. ①刘… Ⅲ. ①空间设计－研究 Ⅳ. ①TU206

中国版本图书馆CIP数据核字（2016）第169608号

责任编辑：赵梦梅　唐　旭
书籍设计：张悟静
责任校对：党　蕾　李欣慰

剖面策略

刘　翠　著

*

中国建筑工业出版社出版、发行（北京海淀三里河路9号）
各地新华书店、建筑书店经销
北京锋尚制版有限公司制版
北京中科印刷有限公司印刷

*

开本：787×960毫米　1/16　印张：9¾　字数：80千字
2017年2月第一版　2017年2月第一次印刷
定价：39.00元

ISBN 978－7－112－19624－1
（29126）